科学出版社“十三五”普通高等教育本科规划教材

遗传学研究方法与技术

王晓雯　张建奎　主编

科学出版社
北　京

内 容 简 介

本书共5篇10章，按细胞遗传学实验模块、质量性状遗传学实验模块、突变的诱导分析实验模块、分子遗传学实验模块、群体和数量遗传学实验模块分成5篇，每篇（模块）又分实验基础知识和实验技术两章。每个模块的实验基础知识部分都对本模块的理论基础、研究方法、实验技术进行梳理、概括、串讲，帮助学生对本模块的研究方法与技术有一个整体了解。每个模块的实验技术部分按实验技术体系选择若干个代表性实验项目，既有经典实验技术，又有最新的遗传学实验技术。可根据不同专业的培养目标、实验条件、学时数等，灵活选择若干个实验项目用于教学。

本书可作为高等院校植物生产类、林学类、草学类等相关专业的本科生和研究生的遗传学实验教材，也可供生物科学类、动物科学类、水产类、医学类等相关专业教师和学生使用或参考，还可作为相关领域科技工作者的参考书。

图书在版编目（CIP）数据

遗传学研究方法与技术 / 王晓雯，张建奎主编. —北京：科学出版社，2018.6
科学出版社“十三五”普通高等教育本科规划教材
ISBN 978-7-03-056930-1

Ⅰ. ①遗…　Ⅱ. ①王…　②张…　Ⅲ. ①遗传学-研究方法　Ⅳ. ①Q3

中国版本图书馆CIP数据核字（2018）第049750号

责任编辑：王玉时　丛　楠　韩书云 / 责任校对：严　娜
责任印制：赵　博 / 封面设计：金舵手世纪

科学出版社 出版
北京东黄城根北街16号
邮政编码：100717
http://www.sciencep.com

北京科印技术咨询服务有限公司数码印刷分部印刷
科学出版社发行　各地新华书店经销

*

2018年6月第一版　开本：787×1092　1/16
2024年8月第四次印刷　印张：10 1/8
字数：240 000

定价：39.80元

（如有印装质量问题，我社负责调换）

《遗传学研究方法与技术》编写人员

主　编　王晓雯（西南大学）

　　　　　张建奎（西南大学）

副主编　周清元（西南大学）

　　　　　殷家明（西南大学）

参　编　肖继坪（云南农业大学）

　　　　　张天泉（西南大学）

　　　　　张　建（西南大学）

　　　　　戴秀梅（西南大学）

　　　　　马　玲（云南师范大学）

审　稿　柴友荣（西南大学）

前　言

遗传学是研究生物遗传变异现象及其规律的科学，遗传学的教学过程不仅是一个传授知识的过程，而且是一个探索生物遗传奥秘的过程，承载着从宏观和微观、个体和群体、细胞和分子等不同水平和视角探讨和诠释生命活动本质的使命。同时，遗传学又是一门发展迅速、实践性很强的学科，新的发展方向、新的理论、新的技术不断涌现。遗传学与生命科学其他学科的交叉渗透日益广泛，是生物科学类、植物生产类、动物科学类、林学类、水产类、草学类、医学类等多个学科门类专业的核心基础课程之一。遗传学学习，必须在学习遗传学理论的同时，通过遗传学实验的实际操作、观察与分析，领会遗传学原理，掌握遗传学实验相关技术和分析方法。除了进行遗传学实验基本技能的训练外，还要培养学生的科研创新能力，这是遗传学实验课程要达到的核心目标。在大力提高学生创新实践能力的要求下，很多高等院校都开设了遗传学独立实验课程，以更好地反映现代遗传学的实验体系和技术。

众所周知，实验课程旨在培养学生的实验动手操作能力、应用能力、分析问题和解决问题的能力及创新能力，使学生获得专门的知识和技能，是构建全面能力结构的主要途径，是学生创新能力培养从初级向高级发展的重要环节。但是在传统的人才培养模式中，实验课程往往从属于理论课程，存在很多弊端，不利于培养学生的实践能力、创新能力和综合应用专业知识解决实际问题的工作能力，因此很多高校都在开发独立的实验课程。独立实验课程的建设和实践是深化教学改革和提高教学质量的根本保证。

教育、科技、人才是全面建设社会主义现代化国家的基础性、战略性支撑，教育是基础，科技是动力，人才是主体。高质量教材为高等教育强国建设提供坚实支撑。为满足遗传学独立实验课程教学的需求，我们总结了多年的遗传学实验教学经验，组织编写了本书。本书的主要特点如下。

1）根据遗传学体系进行模块化设计，构建了细胞遗传学实验模块、质量性状遗传学实验模块、突变的诱导分析实验模块、分子遗传学实验模块、群体和数量遗传学实验模块共 5 个模块。模块化设计有利于学生领会遗传学实验体系。

2）在每个模块的实验项目之前，都编写了一章实验基础知识。实验基础知识部分对本模块的理论基础、研究方法、实验技术进行梳理、概括、串讲，主要目的是给学生以引导，使学生从宏观上掌握本模块的体系，帮助学生对该模块有一个整体的了解和把握，克服多数实验教材只罗列实验项目，学生往往孤零零地看待一个一个的实验而出现“只见树木、不见森林”的现象。

3）本书主要针对植物类专业的特点，以满足植物生产类、林学类、草学类等相关专业的遗传学实验技术方法的要求为主。由于植物、动物、医学等不同学科门类的专业特点不同，因此对遗传学实验技术方法的需求不同。目前现有的遗传学实验教材中，实验项目多涉及植物、动物、微生物和医学等多个学科领域，内容广而不够系统，针对性不强。本书在实验项目的选择上，主要以农学、园艺、植物保护、植物科学与技术、种子科学与工程、林学、草业科学等植物生产类、林学类、草学类等专业为服务对象，针对这些专业的特点选择实验项目，更加系统，更有针对性。

4）在每个模块实验项目的选择上，按实验技术体系选择本模块的代表性实验。除了选择经典的实验项目外，还力求符合现代遗传学的学科发展趋势，选择了一些最新的遗传学实验项目。在实验技术、方法的选择上，尽量选择最新而又成熟的技术和方法，经过编者所在实验室的应用检验，具有较好的可操作性。本书不仅可用于本科生教学，还可用于相关专业研究生教学，以及作为相关领域科技工作者的参考书。

本书按 5 个模块分为 5 篇，每篇又分实验基础知识和实验技术两章，共 10 章；每章的实验技术由若干个实验项目组成，共包含 33 个实验项目，可根据不同专业的培养目标、实验条件、学时数等，灵活选择实验项目用于教学。

在本书的编写过程中，参考和引用了国内外许多教材、专著和论文等，此外，部分技术方法的编写还得到了西南大学转基因植物与安全控制重庆市市级重点实验室及南方山地农业教育部工程研究中心的大力支持，在此向各位前辈、同行和实验室相关人员致以深深的谢意。

尽管我们做了很大的努力，但由于这是一次新的尝试，且限于编者的水平，不足之处在所难免，期待读者批评指正。

编　者

2017 年 12 月

目　　录

第四篇 分子遗传学实验模块

第五篇 群体和数量遗传学实验模块

第一篇

细胞遗传学实验模块

第一章　细胞遗传学实验基础知识

细胞遗传学是一门遗传学与细胞学相结合的遗传学分支学科，着重研究遗传现象的染色体基础、染色体行为的遗传学效应等。从1910年到20年代中期，美国遗传学家摩尔根（Thomas Hunt Morgan）与学生利用果蝇作为研究材料，证实了基因在染色体上呈线性排列，建立了遗传的染色体学说。在这一基础上，细胞遗传学迅速发展起来。

第一节　细胞分裂过程中的染色体行为

除少数生物如RNA病毒和朊病毒外，绝大多数生物的生命活动都与生物体内的遗传物质DNA密切相关。DNA主要存在于染色体上，具有遗传稳定性、多样性和连续性，能够产生可遗传的变异，保证了亲代与子代之间的相似性和生物界的多样性。染色体不仅是遗传信息的载体，也是遗传信息得以有序表达的物质基础，能够准确复制和均衡分离，有规律地、均匀地分配到子细胞中。不同物种的染色体数目和形态特征差异很大，而同一物种则具有相对恒定性。染色体的数目多或少了，或者染色体发生缺失、易位、重复等均会影响生物正常的生长发育。要研究染色体的数目、形态和结构，必须熟悉染色体在细胞分裂过程中的行为特征。在高等生物中，染色体的行为特征主要涉及两种细胞分裂过程，即有丝分裂和减数分裂。

一、有丝分裂

有丝分裂是多细胞生物体细胞最主要的一种分裂和增殖方式。细胞经过有丝分裂产生两个在核遗传物质上完全相同的子细胞。有丝分裂是一个连续的过程，包括前期、中期、后期和末期（图1.1）。两次细胞分裂之间有一个间期。在间期，染色体以染色质形式存在。

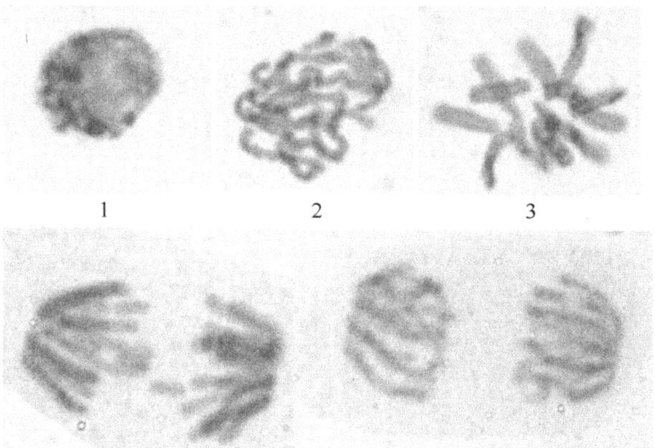

图1.1　蚕豆根尖的有丝分裂过程

1. 间期；2. 前期；3. 中期；4. 后期；5. 末期

多数植物的细胞周期时间为十到几十小时，整个有丝分裂期的持续时间仅占整个细胞周期的 1/10 左右，而其余大部分时间处于间期。

（一）前期

核内染色质纤丝逐渐扭曲，形成细而卷曲的染色线，进一步螺旋化为短而粗的染色体。每条染色体含有两个染色单体，呈纵向并列。核仁渐渐消失，核膜破裂，染色体分散于细胞质中，纺锤丝逐渐形成。这个时期又可细分为以下三个时期。

1. 早前期　染色质开始螺旋卷曲形成大小不同的染色粒，分布于核内，碱性染料染色后着色较深。核仁较清晰。

2. 中前期　染色体继续收缩，变粗变短，呈连续的线状，互相缠绕，犹如一团乱麻。核膜不易看到，核仁隐约可见。

3. 晚前期　随着染色体进一步螺旋化程度加剧，染色单体逐渐明晰，但染色体仍然相互缠绕，并渐渐向赤道板处集结。核膜和核仁逐渐消失。

（二）中期

染色体的着丝点排列在赤道板上，两臂自由伸展，分布于赤道板两侧。两极的纺锤丝形成纺锤体，不被碱性染料着色，因此在一般制片中很难观察到，隐约可见到牵引丝分布。中期染色体图像侧面观察形似车轮辐条状，而极面观察似菊花状，便于分析染色体的形态和数目。

（三）后期

染色体的着丝点一分为二，其姐妹染色单体也相应地分开，并随着纺锤丝的牵引移向细胞两极。

（四）末期

两组染色体到达两极后开始解螺旋，纺锤体消失，核膜形成，核仁出现，原先的一个母细胞形成两个子细胞。

二、减数分裂

减数分裂是一个历时较长的连续分裂过程，在此过程中，染色体的形态、构型及行为都发生了一系列的变化。对这些变化特点的准确识别，是细胞遗传学研究的基础。减数分裂可分为减数第一次分裂和减数第二次分裂，减数第一次分裂包括前期Ⅰ（细线期、偶线期、粗线期、双线期和终变期）、中期Ⅰ、后期Ⅰ、末期Ⅰ，减数第二次分裂包括前期Ⅱ、中期Ⅱ、后期Ⅱ和末期Ⅱ（图 1.2）。在观察过程中，不但要注意不同时期单个染色体或二价体的基本形态，也要注意整个细胞染色体的基本构型，善于对比判断，以便得出准确结论。

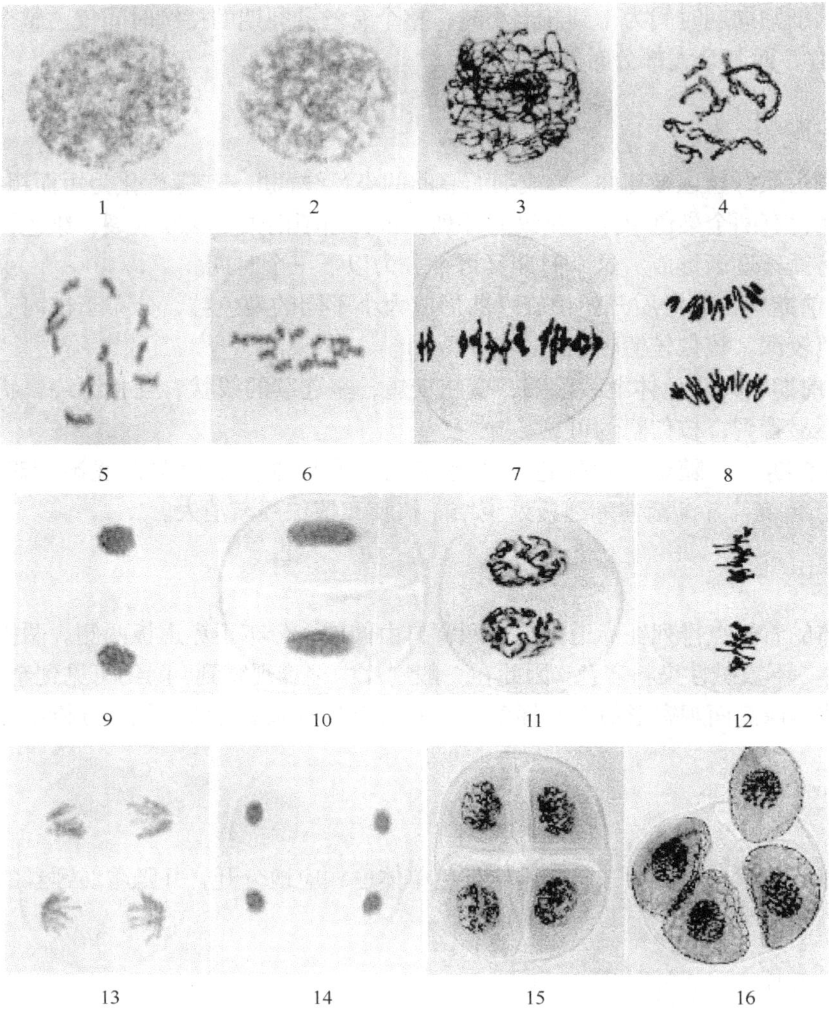

图 1.2 玉米花粉母细胞的减数分裂过程（引自李雅轩和赵昕，2006）

1．细线期；2．偶线期；3．粗线期；4．双线期；5．终变期；6．中期Ⅰ；
7．中期Ⅰ；8．后期Ⅰ；9．末期Ⅰ；10．分裂间期；11．前期Ⅱ；12．中期Ⅱ；
13．后期Ⅱ；14．末期Ⅱ；15．四分体；16．成熟花粉粒

（一）前期Ⅰ

1．细线期　染色体呈长线状，缠绕成一团，如乱麻或鲜花状，分不出头尾。

2．偶线期　同源染色体开始联会，形成二价体。染色体比细线期粗，且明显松散开，一团染色体外侧能够初步判断出头和尾，有时会看到一团染色体飘出几根的现象。

3．粗线期　配对或联会的染色体明显缩短变粗，同源染色体的非姐妹染色单体间发生交换。染色体数目较少者，可做核型分析。有的植物的粗线期，可以看到染色较深的节状结构分布于染色体上，这一结构叫染色纽。

4．双线期　联会的两条同源染色体因非姐妹染色单体相互排斥而松散，但在交叉点上

仍连在一起。由于交叉结的存在，有的二价体形如“麻花”状，此期还可见核仁和核膜的存在。

5. 终变期　染色体高度浓缩，交叉向二价体的两端移动，中间交叉数目减少，二价体向核的四周边缘移动，较均匀地分散开，其形态呈现多样性，可进行染色体计数。

（二）中期Ⅰ

所有二价体分散排列在赤道板的近旁，每对同源染色体的两个着丝点朝向两极，也是染色体计数的最佳时期。

（三）后期Ⅰ

二价体的两个成员分开并移向相对的两极，但每条染色体的两条姐妹染色单体仍连在一起。

（四）末期Ⅰ

染色体到达两极后逐渐解螺旋化，变成细丝状，核仁、核膜重新出现，在赤道板区细胞质分裂，成为两个子细胞。

（五）中间期

大部分单子叶植物在减数第一次分裂和第二次分裂间存在中间期，此期持续时间很短，DNA 不复制，染色体呈不完全解螺旋化，但大多数双子叶植物则没有中间期阶段。

（六）前期Ⅱ

染色体逐渐螺旋化缩短变粗，互相缠绕于核膜内，每条染色体包含两条姐妹染色单体，由一个着丝点相连。因姐妹染色单体彼此散得很开，在前期Ⅱ晚期有时可观察到“X”状或“剪刀”状形态。在小麦和玉米等植物中，染色体较短且形态不规则地分布于核膜内。

（七）中期Ⅱ—末期Ⅱ

此阶段与有丝分裂的形态和构型相似。

经过减数分裂，1 个性母细胞分裂形成 4 个子细胞，称为四分体或四分孢子，各呈 1/4 球形。

第二节　染色体标本的制备流程

染色体是遗传物质的主要载体，染色体的形态和结构与遗传和变异现象存在一定的联系。在进行遗传分析的过程中，往往会涉及染色体的观察分析。一般情况下，凡是能进行细胞分裂的植物组织或单个细胞，都可用来观察染色体的形态和结构。

一、取材

（一）观察有丝分裂染色体的取材

一般来说，凡是进行旺盛细胞分裂的植物组织或单个细胞都可作为观察染色体的适宜材料，如植物的顶端分生组织（根尖和茎尖）、幼小的花、居间分生组织、愈伤组织、幼胚、胚乳和花粉。下面重点以植物为例谈谈细胞分裂的取材。

1. 根尖　根尖包括根冠、分生区、伸长区和成熟区 4 部分，其中分生区长 1～2mm，多为等直径的细胞，细胞质浓厚，细胞核较大，约占整个细胞体积的 3/4。分生区细胞进行不断的分裂活动，是植物染色体研究的主要材料。

可从多种途径获得根尖材料，取材时应根据种子大小、萌发的特点和所需时间等具体情况从优选择。

（1）萌发种子取根　种子要求饱满、生活力强，能生长出健壮的种子根。健壮的根尖细胞分裂频率高，染色体形态平直。在最佳生长条件下，根处于最强生长势时取材，此时根尖往往能看到大量乳白色的根毛。根据种子的不同特点选择不同的培养方法。例如，毫米数量级以下、萌发快且不易腐烂的小型种子，换水不方便，可选择滤纸培养法；萌发快且不易腐烂的较小型种子，换水方便，可选择纱布培养法；易腐烂的较大型种子，用蛭石、沙土和锯末培养法；大型种子和小鳞茎材料可选择水培法；珍贵而又稀少的种子或休眠种子可选择试管培养法。

（2）鳞茎水培取根　适用于百合科和石蒜科鳞茎植株，如洋葱、蒜、水仙、风信子等，注意经常更换新鲜的同温水。

（3）扦插取根　适用于木本植物或多年生具有地上茎的草本植物，且以扦插繁殖为主，如杨、柳、桑、葡萄、菊花等。

（4）从植株上直接取根　适用于大多数禾本科植物，如麦类在分蘖期长出的大量不定根。

2. 茎尖　茎尖的分生组织为生长锥和叶原基。在茎尖中，不同部位的细胞分裂的频率和细胞周期长短不同，一般生长锥侧面的叶原基区比中心区的细胞周期时间缩短约 1/2，在取材和观察时应注意这一特点。

茎尖适合取材于难以获得种子或种子不易发芽的木本或草本落叶植物，如果树、竹类、木本花卉等，对于根尖坚硬的禾本科植物也可采用茎尖制片。应在生长旺盛季节取材，此时植物生长势强，分生组织细胞分裂旺盛。常绿植物宜在雨季取材，休眠芽不适合取材。在制片方法上，一般用去壁低渗火焰干燥法，压片法效果很差。

3. 愈伤组织　通过植物组织培养可得到愈伤组织，可用于检查所培养的愈伤组织的染色体数目和结构变异情况。在愈伤组织中，细胞分裂比较集中的部位较难以确定，同时细胞分裂受培养条件影响较大。一般以转移到新鲜培养基上 3～7d 后取材较适宜，通常在解剖镜下仔细辨认正在生长和已老化的细胞群。老化的细胞体积大且液泡化，因此比较疏松，呈透明状；而分裂旺盛的细胞体积小，细胞核较大，细胞质浓稠，因此显得致密且折光性较强。

4. 幼叶　在生长发育的早期，幼叶的细胞体积增大，进行旺盛的分裂，因此幼叶也常作为标本片制作的材料。对于幼叶来说，因顶端分生组织的细胞分裂停止较早，居间分生组织的细胞分裂停止较晚，取材时幼叶越小越好，且基部材料优先考虑，如麦类 0.5～1cm 的幼叶。

5. 幼小子叶　在双子叶植物中，子叶极为发达，在胚的发育早期进行旺盛的细胞分裂活动，也是观察染色体的良好材料。子叶的发育特点与幼叶相同，因此取材原则与幼叶一致，如蚕豆 1.5～3cm 的幼小子叶。

此外，还可以用居间分生组织、茎的形成层和胚乳作为体细胞染色体观察的材料。

（二）观察减数分裂染色体的取材

花粉母细胞数量大，取材方便且易观察，减数分裂制片一般以花粉母细胞为材料，也有人用胚囊母细胞作为观察对象，但操作复杂且不易观察。观察减数分裂可参照植物的开花时间和某些形态特征来适时取材。下面介绍一些常见作物的取材时间。

1. 小麦　旗叶与倒二叶的叶耳间距为 1～3cm，幼穗长 5～6cm（不计芒），花药长 3～5mm，且幼穗和花药均呈黄绿色时为减数分裂时期。对于麦类来说，幼穗中部偏上的小穗先发育，然后依次向上和向下推移，同一朵小花中各花药的分裂时期比较接近。

2. 玉米　植株形成“喇叭口”前一周，花药长度为 2～3cm 时为减数分裂时期，此时用手捏挤下部叶鞘有松软感处为雄花序所在。玉米雄花序的发育顺序是从顶部向基部推移。每一分枝中部偏上的小穗先发育，依次向上和向下推移。小穗通常成对，有柄小穗比无柄小穗发育早，第二小花比第一小花发育早。

3. 水稻　稻穗的发育是从顶部到基部，而每一枝梗上的各小穗是最顶部和最基部的先发育，其余小穗则由基部向顶部推移。一般粳稻的剑叶与倒二叶间的叶耳距为－6～6cm 均为减数分裂时期，其中叶耳距为 0 时为减数分裂旺盛期。如以穗长为标准，5～8cm 时为起始期，14～15cm 时为旺盛期，至全长时为终止期。例如，对颖花长度而言，其长度为成熟谷粒的 45%时开始细胞分裂，达 55%～60%时为旺盛期，到 80%～90%时为终止期。

4. 棉花　现蕾不久便进入减数分裂期，如陆地棉，花萼与花瓣等长，整个花蕾长度为 3～5mm 时取样最合适。

二、预处理

中期染色体最适进行染色体观察和核型分析，该期染色体高度凝缩，形态结构比较清晰，但持续时间很短，一般只有 10～30min，以致在所观察的细胞群体中处于中期的细胞较少。另外，中期染色体在纺锤丝牵引下紧密地排列在赤道面上，制片时难以分散。为此，通常需要利用化学或物理方法对材料进行预处理。

预处理是染色体制片技术中最关键的一步，可以阻止或破坏纺锤丝微管的形成，使有丝分裂被阻抑在中期，以便积累更多的分裂象，且可使染色体高度浓缩变短，减少染色体之间的相互缠绕重叠，有利于染色体的分散。另外，预处理还可改变细胞质黏度，促进染色体清晰和细胞质清洁。值得注意的是，减数分裂观察用的花粉母细胞一般不需要进行预处理。

（一）预处理方法

预处理方法不当很容易导致实验失败，但常常被忽视。因此，选择合适的预处理方法和正确的操作对实验的成功至关重要。

1. 离体处理和非离体处理　离体处理是指将要处理的器官或组织从母体上切除下

来，置于预处理液中进行处理。在离体处理的条件下，细胞处于严重缺氧和有毒害的恶劣环境下，细胞代谢所需的能源又被中断，如果毒害严重或处理时间太长，细胞将死亡。因此，为了得到较好的处理效果，离体处理时应注意每个试管中材料忌多，一般以较大的根尖或茎尖不超过 10 个，小的根尖或茎尖不超过 15 个为宜；切取的材料宜小，根尖以 2～3mm 为宜；最好能在处理期间更换新鲜溶液并经常振摇或向溶液中通气；操作尽量在避光条件下进行。

非离体处理即活体处理，是把要处理的部分不与母体分离，只把所处理的部分浸入处理液中进行活体处理。非离体处理一般利用秋水仙素和 α-溴萘处理大染色体的植物材料，处理时间较长，但时间过长可能导致多倍体细胞的出现。

2. 物理处理和化学药品处理 在进行预处理时，根据是否使用化学药品，将处理方法分为物理处理和化学药品处理。

（1）物理处理 物理处理主要为低温处理，可阻抑纺锤体微管的组装，对染色体无破坏作用，染色体收缩均匀，操作简便易行，但不同植物的分生组织细胞对低温的反应是不同的。细胞的合成和代谢及细胞分裂都有不同的临界低温，尤其在离体条件下，情况更复杂，因此该方法并不适用于所有植物。一般将材料活体或切取根尖浸在蒸馏水中，放在冰箱冷藏室中处理 20～40h。例如，大麦、小麦和黑麦用 1～4℃，水稻和玉米用 6～8℃均可获得较好的效果。

（2）化学药品处理 可用作染色体预处理的化学药品包括生物碱、苷类、酸类及其他物质。现将一些常用的药品介绍如下。

1）秋水仙素：秋水仙素为黄色针状结晶，易溶于乙醇和三氯甲烷（氯仿），微溶于水，味苦，有剧毒。秋水仙素能抑制有丝分裂，可与微管蛋白二聚体结合，阻止微管蛋白转换，破坏纺锤体，使染色体停滞在分裂中期。适用于各种不同生物的不同组织或器官的预处理，配制时宜先用少量 95%乙醇使之充分溶解，再加蒸馏水配制成所需浓度溶液，其有效浓度为 0.001%～1%，植物材料常用 0.05%～0.2%的浓度。

2）对二氯苯：对二氯苯为白色结晶，具有樟脑气味，在常温下升华，易溶于乙醇、乙醚、苯等有机溶剂，易燃，有毒，在水中溶解度较低。对二氯苯阻止纺锤体形成的效果和秋水仙素相似，但不易产生多倍体。使用范围广，对大、中、小染色体都有效，对染色体数目多的细胞效果更佳。对二氯苯处理时间过长易引起部分甚至全部染色体粘连或聚缩成团；处理温度过高则易导致染色体液化、断裂、粘连和解体。因此，必须严格控制预处理时间和温度。另外，对二氯苯显示缢痕效果较差且只适合离体处理。

3）8-羟基喹啉：8-羟基喹啉为白色结晶或粉末，易溶于乙醇，难溶于水。8-羟基喹啉阻止纺锤体微管组装的作用较缓和，可引起细胞黏度的改变，导致纺锤体活动受阻，使中期染色体在赤道面上保持清晰的形态。因此，在积累中期分裂象上不如前两个试剂，但能更清晰地显示染色体的缢痕和随体，不易引起染色体的粘连，对中、小型染色体效果优势明显。另外，对染色体的损伤较轻，可在较长时间下处理，一般离体处理的效果比活体好。

4）α-溴代萘：α-溴代萘为无色或淡黄色液体，易溶于乙醇，微溶于水。α-溴代萘饱和水溶液的作用比较缓和，对染色体的缩短效果缓慢，即使延长处理时间，也不易对染色体造成伤害，常用于植物染色体的 G 带显示，一般用于活体处理。

5）放线菌酮：放线菌酮为白色片状结晶，有毒。放线菌酮能快速抑制蛋白质的合成，导致分裂前期的染色体超期浓缩，并使原有的处于分裂中期的染色体原位集缩，染色体缢痕更清晰，结果获得大量可供计数的浓缩的前期染色体及部分做核型分析的中期染色体。其常被用于早中期染色体的核型分析、G 带研究和染色体数目的统计。一般不用于活体处理，适宜离体处理。

此外，上述药物也可混合使用，如对二氯苯和α-溴代萘混合液、秋水仙素和 8-羟基喹啉混合液、8-羟基喹啉和放线菌酮混合液等。根据大量实验表明，其效果往往比单一溶液更好。

（二）预处理时间

预处理时间受以下几个因素的影响，是其共同作用的结果。一般情况下，预处理时应遵循以下原则。

1. 染色体大小 染色体大则处理时间长，染色体小则处理时间短。

2. 材料大小 离体处理的材料大则处理时间长，材料小则处理时间短。

3. 预处理方法 相同的材料处理时，离体处理时间短而非离体处理时间长。

4. 耐药性 耐药性强的材料处理时间长，耐药性弱的材料处理时间短。

5. 浓度 处理液浓度高则处理时间短，处理液浓度低则处理时间长。

6. 温度 处理温度高则处理时间短，处理温度低则处理时间长。

（三）预处理温度

一般情况下，温度会对细胞的合成和代谢活动及细胞周期有一定的影响。常用的预处理药物对植物细胞都有一定的毒害作用，且这种毒害作用的强度随温度的变化而不同，高温时增强，低温时减弱。因此，为了尽量减少预处理药物对材料的毒害作用，一般以较低温度处理为宜，温度为 10～20℃，不能超过 25℃，温度略低可以将预处理时间适当延长，这有利于积累较多的分裂中期的细胞。

三、固定

固定是指将新鲜的活组织从生物体上切下来，立即投入固定剂中，借助化学药品的作用将生活细胞迅速杀死，并使构成染色体的核蛋白变性和沉淀，以保持染色体的固有形态和结构的一种手段。

（一）固定液的特点

作为固定液，必须具有较强的渗透力，且对组织各部分的渗透力相等；能将活细胞迅速杀死，并防止细胞过度收缩、膨胀及死亡后的变化；可使细胞中的核蛋白、脂肪、糖、酶等成分转变为不溶性物质，且不同组织成分对染料产生不同的亲和力。

（二）固定液的分类

染色体固定一般采用卡诺（Carnoy）固定液，包括卡诺固定液Ⅰ（无水乙醇：冰醋酸=3：1）和卡诺固定液Ⅱ（无水乙醇：氯仿：冰醋酸=6：3：1）。无水乙醇是还原剂，可迅速渗入细胞而使细胞失活、脱水、硬化，并可溶解部分脂类物质，可固定糖原、白蛋白和球蛋白，沉淀后的核蛋白可溶于水，因此固定核蛋白的效果较差，常不单独使用。冰醋酸的穿透力也较强，能凝固核蛋白，对材料有膨胀和软化作用，常与水、氯仿、乙醇混合使用。氯仿能提高固定液的脂溶性能，也可能破坏类脂性的线粒体和高尔基体，以增加细胞的透明度。

（三）固定液的体积

一般情况下，固定液的体积是材料的 20 倍，固定效果好。如果材料只保留几天，存放于固定液中即可；如果需要长期保存，则需要将材料从固定液中取出，置于 70%乙醇中低温保存。

（四）固定的时间

一般为 0～4℃条件下固定 2～24h，小材料固定时间短，大材料固定时间长。若用福尔根染液、地衣红染液或卡宝品红染液染色，固定时间要短，而用苏木精染液染色则固定时间宜长。

四、制片

制片是显示染色体的一般形态和结构的技术，即染色体的常规制片技术，通常包括压片法和去壁低渗火焰干燥法，二者对取材、预处理和固定的要求和操作是一致的，所不同的是压片法以人工外加机械压力使染色体分散，而去壁低渗火焰干燥法以酶分解细胞壁，用低渗液使细胞吸胀，最后利用火焰干燥及液体表面张力使染色体自行展开。

（一）压片法

压片法是植物染色体的常规制片方法，简单且易操作，常用于辅助完成植物染色体的组型分析、显带和原位杂交等。

1. 解离 通过解离，可使分生组织细胞间的果胶物质分解，细胞壁软化或部分分解，使细胞和染色体易于分散压平。解离方法主要包括酸解法和酶解法。酸解法常用盐酸水解根尖，步骤简便，主要用于染色体计数、核型分析和染色体畸变的观察。一般在 60℃条件下用 1mol/L 的盐酸处理分生组织 5～10min，压片后呈单细胞，但大部分细胞的染色体仍包在细胞壁中间。处理时间应适当，如果时间过短，材料软化不够，不易压片；如果时间过长，可能导致染色体过度膨胀。酶解法可使原生质体裸露出来，常用于染色体显带技术或姐妹染色单体交换的研究。一般用 2%的纤维素酶和果胶酶于 37℃条件下解离 30～60min，用时按一定比例混合，如 1：1、2：1。某些细胞壁比较坚硬而难以软化的材料，可将盐酸解离和酶处理相结合，也能取得很好的效果。进行减数分裂观察的花粉母细胞不需要进行解离。

2. 染色 用于植物染色体染色的染液很多，每种染液都有其自身的特点及适用材料，或用于显示染色体的某一结构或成分，或用于染色体制片的特殊染色。现将常见的几种染液的染色原理和特点分述如下。

（1）染色原理　部分染料通过毛细作用或渗透作用进入组织内部，或组织吸附或吸收染料，使染料留在细胞内部。有些染料通过化学作用着色，该染料由发色基团和助色基团组成，两者相互配合，缺一不可。发色基团使染料具有一定的颜色，而助色基团使染料物质因发生电离作用而离子化，极性增强，促进染料与组织间发生作用，产生染色效果。一般来说，酸性和碱性染料的界定是根据染料物质中的助色基团电离后所带的电荷来决定的，助色基团带正电荷的染料为碱性染料，反之则为酸性染料。碱性染料通常不溶于水及乙醇，可电离出无色的阴离子和有色的阳离子，有色的阳离子可与细胞中的带负电荷部分牢固地结合，如结晶紫和亚甲蓝等。细胞核中的染色质内含有 DNA，属于酸性物质，可以电离出 H^+而使自身带负电荷，因此它可以与碱性染料电离出的带正电荷的助色基团通过电荷间的引力作用牢固结合而被染料染上颜色。因此，通常碱性染料染细胞核，酸性染料染细胞质。

（2）染液及其特点　常用的染液有乙酸洋红染液、乙酸地衣红染液、卡宝品红染液、希夫试剂（Schiff's reagent）和吉姆萨（Giemsa）染液等。

1）乙酸洋红染液：该染液对细胞壁的穿透力较强，对染色体和核仁均可染色，适合植物小孢子母细胞减数分裂和花粉中小孢子有丝分裂的染色观察，但染色强度和分色效果欠佳，一般只作临时染色观察之用，不用于制作永久性制片。

2）乙酸地衣红染液：乙酸地衣红染液对染色体和细胞核的着色能力明显优于乙酸洋红染液，使用较广泛。在压片操作时，乙酸地衣红染液不能在压片前加热烘烤，只能在压片之后进行，否则将出现褪色现象。此外，由于地衣红易溶于乙醇，对用乙醇保存的材料要用蒸馏水漂洗，以除净乙醇。

3）卡宝品红染液：卡宝品红染液染色速度快、分色清晰、稳定性强、耐保存、制片后颜色持久不褪色，适于植物体细胞染色体和减数分裂染色体的染色，但与盐酸的解离条件密切相关。如果解离时间太短，细胞质会不同程度地着色，导致分色效果欠佳；如果解离过度，背景虽无色，但染色体着色浅淡或不着色。只有在合适的解离条件下，才可获得最佳的染色效果。另外，盐酸解离之后需用蒸馏水将材料中的残余盐酸彻底洗净，否则卡宝品红不易染色。

4）希夫试剂：希夫试剂通常只对细胞核和染色体着色，染色均匀，背景清晰，组织软化较好，易于压片，但染色效果常与处理条件有关。如果水解时间不足，则染色体着色浅，细胞质呈红色；如果解离时间过长，染色体染色稍深或不均匀着色，细胞质也显示红色。另外，希夫试剂染色时间较长，一般需要 1～2h，常以染色体充分着色为准，不能时间过长，否则会导致染色体过于软化和膨胀，甚至出现液化和粘连等现象，以致其分散困难，易于发生重叠。

5）吉姆萨染液：吉姆萨染液为天青色素、伊红、亚甲蓝的混合物，可将细胞核染成紫红色或蓝紫色，将细胞质染成粉红色，在光镜下呈现出清晰的细胞及染色体图像。

3. 压片及注意事项　取旺盛分裂部位于载玻片上，注意去除其他处于成熟和发育期的细胞，用小刀或镊子将材料尽量细化，加 1/3～1/2 滴染液或 45%乙酸（HAc），然后轻轻盖上盖玻片。将制片放在酒精灯外焰上烤至发烫，温度不能过高，在盖玻片上放一层吸水纸，用铅笔的橡皮头轻轻敲打盖玻片，使分生组织细胞铺成薄薄一层，用大拇指紧压以吸去多余染液。

如果取花药，则用镊子夹碎花药壁，加染液，尽量将花药壁去除干净，盖上盖玻片，在酒精灯外焰上烤片，加一层滤纸，左手固定盖玻片，右手垂直用力紧压盖玻片，注意不能水平移动盖玻片，随后即可镜检。

（二）去壁低渗火焰干燥法

制备植物染色体标本的去壁低渗火焰干燥法是以酶消化细胞壁而获得裸体细胞，然后通过低渗和火焰干燥法得到染色体制片，是常用的制片方法之一。原位杂交和分带技术中均采用此法制片，效果明显好于压片法。

首先，将经过预处理的材料转入低渗液中，利用细胞内外溶液的渗透压加大，促使细胞膜充分膨胀。然后，利用酶分解掉细胞壁，酶解期间可振荡几次，以便酶解充分而均匀，材料与酶液的体积比为 1∶20。为了洗除残留的酶液，并使细胞进一步膨胀而有利于染色体铺展，常需进行后低渗。最后，用悬液法或涂片法制备标本。其中，酶解是去壁低渗火焰干燥法的关键步骤，酶解是否适宜，直接影响细胞的收获率，而酶解时间常受材料的部位、大小和数量，以及酶的质量、浓度、处理温度和 pH 影响。在实际操作中，要严格控制酶解的条件，酶解不足或过度，均可导致实验失败。因此，在酶解过程中，可定时取样，卡宝品红染色，压片并镜检，以减少失误，甚至可直接获得效果优良的制片。

一般一张优良的标本片应有丰富的分裂象，染色体分色效果好，分散且清晰，无重叠、扭曲和断裂现象，主缢痕、次缢痕和随体明显可见。

第三节　植物染色体显带

常规的染色体处理和染色方法，一般只能显示染色体的外部形态，如大小、长短、着丝点和次缢痕的位置、随体的有无等，但往往很难准确地识别染色体组中的每个成员和染色体的结构变异，因此有必要利用染色体内部结构的分化染色技术进一步认识和分析每一条染色体，这一技术即染色体显带（chromosome banding）。

染色体显带是指使某些染色体产生具有种属特异性的横纹。在发育过程中及同种生物不同组织的细胞间，带型通常具有恒定性。显带技术不仅能分析染色体的带型差异，还可更细微、更可靠地识别染色体的个体性，是细胞遗传学、分子遗传学和细胞工程学研究中的一大突破。1968 年，T. Caspersson 首次报道了用荧光染料喹吖因处理的染色体，在紫外线激发下染色体臂显示出不同的带纹。同一研究组继续用喹吖因及其他相关化合物对包括人类在内的各种生物染色体分带进行了研究，发展了多种染色体分带技术，如 Q 带、G 带、C 带、R 带、T 带、N 带等，这些显带技术对于核型分析、染色体鉴别及植物分类学都有重要的意义。

一、C 带

C 显带（C-banding）技术是 Arrighi 和 Hsu 于 1971 年发明的，以显示染色体中组成型异染色质的区段。由于C带常显示着丝粒邻近的异染色质部分，因此又称为着丝粒异染色质带。

组成型异染色质区段在染色体上的位置较为稳定，主要位于着丝粒、端粒和核仁形成区，以及Y染色体的长臂上。在间期和有丝分裂的早期，当常染色质处于伸长状态时，它处于异固缩状态，因而易被染料着色，但在中期时，反而不易着色。因此要使异染色质区段处于显微镜下可被识别的区段，需要采取特殊方法进行处理。先用酸、碱、盐或高温处理中期染色体，使DNA发生变性，然后在一定条件下缓慢复性，由于异染色质区段存在高度重复的DNA序列，因此复性快，而常染色质区段的低重复序列和单一序列的DNA在同等条件与相同时间处理下却不易复性，从而产生不同的染色反应。由于Y染色体的异染色质比较大，染色效果很明显，因此C带技术常用于辨认哺乳动物的Y染色体，也广泛用于植物染色体分析。

显示植物C带的技术流程主要包括BSG（Barium/Saline/Giemsa）流程和HSG（Hydrochloride/Saline/Giemsa）流程。在BSG流程中，一般先用新配的5%～8%氢氧化钡[$Ba(OH)_2$]水溶液或饱和水溶液处理染色体标本5～10min。由于氢氧化钡与空气接触易形成碳酸钡膜，对后期分带效果有严重影响，因此水洗时应尽量避免带有$Ba(OH)_2$的制片与空气接触。一般采用的方法是让与处理温度同温的蒸馏水慢慢沿着装有$Ba(OH)_2$溶液和制片的染色缸内壁注入，轻轻冲洗直至染色缸中的水不再浑浊为止。为防止制片上的染色体过多丢失，最好水洗后在37℃条件下干燥约30min，然后用55～65℃的2×SSC盐溶液（0.3mol/L氯化钠和0.03mol/L柠檬酸钠）处理10～30min。处理时间因材料而异，有的只需5～10min，有的要处理2h。最后，用吉姆萨染液染色，显带正常时，带纹呈深红或紫红色，非带区的常染色质则染成淡红色，呈透明或半透明状。如果制片偏蓝色，应适当提高染色液的pH；如果偏红色，应适当降低染色液的pH。在HSG流程中，通常用0.2mol/L的盐酸于25～30℃处理染色体标本，时间因材料而异，如黑麦10min、玉米180min，一般处理30～60min。其他步骤与BSG流程相同，只是在染色时索伦森（Sörenson）磷酸缓冲液的pH应适当调高一些。

二、N带

N带是指用硝酸银（$AgNO_3$）使染色体上的核仁形成区部位呈现黑色的一种特殊染色法，故又称为硝酸银染色法。通过分子杂交技术证明，具有转录活性的18S和28S核糖体RNA的基因（rDNA）位于核仁形成区，常常伴有丰富的酸性蛋白质，该类蛋白质含有巯基（—SH）和二硫键（—S—S—），能使$AgNO_3$中的Ag^+还原成Ag颗粒，因此有转录活性的核仁形成区常被镀上银颗粒而呈现黑色，没有转录活性的核仁形成区则不着色，故其着色率与有转录活性的rDNA基因相一致。对同一物种，银染的核仁组织区的数目和在染色体上的位置是相对恒定的。在不同的生理、病理条件下，记下细胞中银染的核仁组织区的频率和位置，就可以分析有活性的rDNA基因的动态变化，因此该技术也应用于rRNA基因的功能研究。

N带技术流程包括磷酸二氢钠（NaH_2PO_4）处理流程、磷酸钾（K_3PO_4）处理流程和三氯乙酸（TCA）-盐酸（HCl）处理流程，其中磷酸二氢钠处理流程应用最为广泛。磷酸二氢钠处理流程是指将染色体标本空气干燥片在1mol/L NaH_2PO_4中于pH 4.2±0.2、

(96±1)℃条件下处理 1～15min，水洗，用吉姆萨染色观察。对于不同植物，处理所需的时间和温度不同，同时要注意 NaH_2PO_4 的 pH，可用 1mol/L 的氢氧化钠（NaOH）调节控制在 3.5～4.5，否则只能显出 N 带的淡浅轮廓。

三、其他

1. 荧光分带法 荧光分带法（Q 带）是 1968 年由瑞典细胞化学家 T. Caspersson 建立的，他用喹吖因对处于有丝分裂中期的染色体染色，在紫外线激发下，用荧光显微镜观察，发现每对染色体上都出现了各具特色的明暗相间的带型，命名为荧光分带法（Q-banding，Q 显带）。小鼠的染色体在未采用显带技术以前是很难识别的，由于 Q 带技术的发展，小鼠染色体研究取得了显著的进展，建立起了小鼠染色体命名系统。喹吖因易与 DNA 分子富含 AT 碱基的部位结合，Q 带可能是 DNA 分子的富含 AT 碱基的区域。Q 带受制片过程和热处理的影响较小，可显示染色体独特的鲜明带型，但荧光持续时间很短，标本易褪色。

2. 吉姆萨分带法 染色体经胰蛋白酶、热、碱、尿素等试剂处理，然后用吉姆萨染色，在光学显微镜下观察，可看到染色体上出现染色深浅不同的带纹，称为吉姆萨分带法（G-banding，G 显带）。G 带与 Q 带十分相似，操作方法简便，价格低廉，因而应用十分广泛。G 带技术在脊椎动物中显示出的带型，每条染色体都不同，因而可以明确地鉴定每一条染色体。

G 带的性质是一个争议较多的问题，有人认为 G 带反映了染色质的螺旋化程度，也有人认为 G 带是染色体的组蛋白和其他蛋白质沿着染色体成簇分布的结果。目前比较公认的一种看法是染色体上富含 AT 碱基对的区域与蛋白质结合比较紧密，较耐受胰蛋白酶处理，经吉姆萨染色后呈深色，而富含 GC 碱基对的区域与蛋白质结合疏松，经胰蛋白酶处理后，蛋白质遭破坏，不能被吉姆萨染色，显示淡染的明区。

3. 反带法 染色体标本不经水解或胰酶处理，直接经碱性磷酸盐处理，用吖啶橙或吉姆萨染色，所呈现的带与 G 带的明暗相间正好相反。当 G 带显示的染色体两臂末端为浅带时，如果两臂末端发生缺失等异常现象，一般很难发现和识别，因而对染色体端部不着色的部分可用这种反带法（R 带），将末端清楚地显示出来。另外，G 带与 R 带技术并用可检测染色体的末端缺失、重排等。

4. 高分辨显带法 细胞经同步化和显带技术处理后，可获得更长而丰富的带纹，用光镜甚至可观察到染色体结构重排、染色体断点等异常现象，此检测法称为高分辨显带法（high-resolution banding）。如果用放线菌素 D 处理，可观察到 DNA 合成的 G_2 期，染色体所显示的带纹高达 5000 多带，使分辨率进一步提高。高分辨技术不仅能对染色体变异进行精确定位，而且在基因定位和基因图谱的绘制中也有重要意义。

5. T 分带法 T 带又叫端粒带，是对染色体末端的特殊显带技术，尤其在端粒部位经吖啶橙染色后呈现出绿色区带。T 带在分析染色体末端的缺失、添加、易位及断裂点的定位上有一定的价值。

6. SCE 分染技术 姐妹染色单体交换（sister-chromatid exchange，SCE）分染技术是指在 DNA 复制的过程中，用 5-溴脱氧尿嘧啶核苷（bromodeoxyuridine，Brdu）取代胸腺嘧啶核苷酸（T）的位置，掺入新合成的核苷酸链中。当细胞在含有 Brdu 的培养液中培养两个分裂周期后，经荧光染料或吉姆萨染色，可见两条姐妹染色单体显示出深浅不同的颜色。SCE 分染技术不仅可清楚地看到姐妹染色单体交换的部位，也可分析细胞周期和药物致畸效应，以及检测环境中致癌和致突变物质的部分生物学效应。

第四节　染色体核型和带型分析

核型是指体细胞染色体所有可测定的表型特征的总称，包括染色体的数目、大小、形态特征、“解剖学”特征和分子特征等。

染色体数目包括基数（x）、多倍体、非整倍体、B 染色体和性染色体等。在植物界，染色体数目的变异幅度很大，从单冠毛菊（*Haplopappns gracilis*）的 $2n=4$ 条染色体到网脉瓶尔小草（*Ophioglossum reticulatum*）的 $2n=1260$ 条染色体。染色体数目的多样化与其分类类群有关，某些属甚至科，往往具有同一基数，在种内或居群内，染色体数目通常具有相对稳定性。因此，染色体数目通常是阐明属、科及更高等级分类群的亲缘关系及演化路线的可用特征。在属以下的等级，也可用于多倍体、非整倍体和 B 染色体的判断和鉴定，是细胞遗传学经常涉及的指标之一。

染色体形态主要包括染色体的绝对大小和相对大小、着丝点和次缢痕及随体的数目和位置等特征。有些近缘种或整个属的二倍体种，含有相同的染色体数目，核型差异就表现在染色体形态上。根据染色体的形态特征，按照核型不对称等级，用以分析核型的变异与进化，具有一定的参考价值。

染色体的“解剖学”特征主要指分带特征，可以显示染色体在纵长的内部结构的分化，为微观水平上认识染色体及其变异提供了更精确的信息，这些信息对于在居群水平上分析染色体的结构变异与物种形成，以及在系统演化过程中物种的亲缘关系是很有价值的。

染色体的分子特征包括两方面内容，即 DNA 的数量和质量。DNA 的数量是指每一细胞核、染色体组乃至每一染色体的 DNA 含量。不同物种间 DNA 含量是有差异的，DNA 的含量变异与物种的进化似乎存在某些规律性的联系。DNA 的质量是指 DNA 中重复序列和非重复序列的比例。不同的物种中，即使含有近似或相同的 DNA 量，其重复序列所占的百分比也存在差别，这为在分子水平上研究物种的亲缘关系、变异和进化提供了有价值的遗传信息。

此外，还有附加的核型特征，包括前期染色体的固缩特征和间期核的染色质特征等。

一、核型分析

核型分析是指对核型的各种特征进行定量和定性的表述，一般分析 5 个以上的细胞，求平均数。

（一）统计染色体数目

一般以体细胞染色体数目为准，尤其以种子萌发的材料为准。在有丝分裂中，同一个体的染色体数目易于保持相对的稳定性，因此，一般以有丝分裂中期的染色体数目为准。花粉母细胞在观察减数分裂时，染色体的配对情况复杂多变，有时甚至在同一花药的不同母细胞间也存在差异，并且在价体的准确分析和统计上存在一定困难，容易出现差错，所以，减数分裂细胞一般只作为辅助计数材料。当然，对于染色体配对比较规则而又易于计数的材料也可进行计数。原则上，统计的细胞数目越多，准确性就越高。一般统计的细胞数目应在 30 个以上，其中 85%以上的细胞具有恒定一致的染色体数，即可认为是该植物的染色体数目。

在观察中，常见到同一个体的制片中含有染色体倍性不同的细胞，如二倍体和四倍体细胞，计数时按二倍体计。只有该个体恒定地均含多倍细胞时，才可认为是多倍体。在一些倍性较高、染色体数目较多的植物中，不同细胞的染色体数目往往不尽相同，难以观察到比较恒定的整倍性，可以只记录一个大约的数目。如果染色体数目非常接近某个整倍体，一般可认为是该整倍体，而如果染色体变异的幅度很大，则可视为混倍体。某一个体恒定地表现出某一同源染色体对中多一条或少一条成员，分别称为三体和单体。个体间恒定地相差一对或几对非重复的同源染色体，可能表明该物种中存在有基数非整倍性变异的个体，称为非整倍体。不同个体和不同细胞的染色体数目变异幅度较大，出现整倍和非整倍细胞的一系列变异，即为混倍体，一般应分别统计不同染色体数目的细胞及其所占的百分比。当细胞中多出一个或几个小型染色体时，应考虑是否是 B 染色体（又称超数染色体、副染色体、额外染色体）。B 染色体有以下特点：一般均小于常染色体；在同一个体中数目比较恒定；一般多为中部或端部着丝点；主要存在于二倍体植物中。

（二）染色体形态分析

核型分析一般以体细胞分裂中期的染色体作为基本形态。对于一些染色体大而数目少的植物而言，也可用减数分裂粗线期的染色体做形态分析。染色体形态主要涉及染色体长度、染色体臂比、着丝点位置及命名，以及次缢痕和随体的有无等指标。

染色体长度包括绝对长度和相对长度两个指标。染色体的绝对长度即实际长度，以微米表示，指［放大的染色体长度（mm）/放大倍数］×1000。染色体的绝对长度只在染色体大小差异明显的种或属间比较时有一定价值，在许多情况下，它不是一个可靠的比较数值，因为预处理条件和操作水平的差异均会导致染色体发生不同程度的缩短。因此，染色体长度通常以染色体的相对长度来表示。染色体的相对长度为染色体长度占染色体组总长度的百分比，其中，染色体组总长度等于该细胞单倍体全部染色体长度（包括性染色体）之和。另外，还可用染色体相对长度系数加以表示，染色体相对长度系数（index of relative length，IRL）=染色体长度/全组染色体平均长度。当 IRL<0.76 时，为短染色体（S）；当 0.76≤IRL≤1.00 时，为中短染色体（M1）；当 1.01≤IRL≤1.25 时，为中长染色体（M2）；当 IRL≥1.26 时，为长染色体（L）。在计算染色体体积时，一般假设染色体为圆柱形，计算公式为 $V=\pi$（1/2 染色体宽度）^{2}×每对同源染色体总长度。根据臂比可以确定着丝点的位置，臂比即染色体的两个臂长的比值。着丝点指数（CI）=（短臂长度/该条染色体全长）×100%。臂数（NF）表示一个细胞染色体组型中所有染色体臂数的总和。着丝粒位于染色体近端部或端部的一条染色体臂数记为 1，即 NF=1；着丝粒位于染色体中部或近中部的一条染色体臂数记为 2，即 NF=2。次缢痕是染色体上的一个缢缩部位，主要位于短臂上，形成核仁组织中心，其染色质含有 rDNA。随体是位于染色体末端的、圆形

或圆柱形的染色体片段，形态大小比较恒定，主要由异染色质组成，常不计长度，但需用“*”加以表示。次缢痕和随体的有无、数目、位置和大小是区分某些近缘种或属的主要特征。

（三）核型的表述格式

一般每种材料最好能附一张质量较高的分裂中期染色体完整照片，并标注放大倍数和一个以微米为长度单位的标尺，便于目测染色体的实际大小。将与模式照片同一细胞的染色体逐个剪下，参照染色体长度和臂比，进行同源染色体配对，然后按染色体全长由长至短编号。如果两对染色体等长，则按短臂的长度顺序排列，长者在前而短者在后。性染色体和B染色体一律排在最后。一些特殊核型，如人工培育的小黑麦等异源多倍体，其系统发生的亲本来源已清楚，应根据亲本的染色体组分别排列，按A、B、D、R四组分别进行编号排列。综合核型分析结果，将核型的主要特征用公式表示。

二、带型分析

在阐述染色体的带型特征时，涉及带的位置、数目、宽窄、着色深浅等方面。一般应附一张染色体显带清晰而完整的模式照片，将模式照片上分带的染色体剪下排成带型图，在染色体核型模式图上标示出带纹，一般以横的实线表示带纹的位置和大小，以虚线表示多态带或不稳定的带纹。模式图一般以标准照片所显带纹标示，不要求一定数量的细胞统计。在同一个体的不同细胞间的带纹差异，可作为不稳定带处理；个体间或居群间的带纹差异，可作为多态带处理。如果有杂合带存在，则应把杂合的同源染色体的带纹同时绘出。以英文大写字母表示带纹的类型和分布，如C、I、T等。在染色体上用“+”表示带纹，如果带纹分布在短臂上，则在字母的右上角划“+”；如果带纹分布在长臂上，则在字母的右下角划“+”；如果长短臂都有带，则不标明“+”。同类型的染色体数目，用符号前的数字表示，不显带的染色体则只用数字表示。

通常用数量统计带纹，大致包括整个细胞所显带纹的总数、总长度及占所有染色体总长的百分比；不同类型带纹数和长度占整个细胞带纹总数和长度的百分比；某一特殊染色体带纹数和总长度占整个细胞带纹总数和总长度的百分比；带纹的着色程度常参考四级表示法，包括特强（染色极深）、强（染色较深）、中（染色程度中等）、弱（染色极淡）；带纹的位置包括端带、亚端带、中间带、近端带、近着丝粒带等，这对于区分种间带纹的差异以及探讨异染色质与物种演化的关系具有重要意义。

第五节　染色体原位杂交

染色体原位杂交（*in situ* hybridization，ISH）是一种可在细胞涂片、组织切片及分裂中期染色体带中检测DNA的技术，是利用DNA或RNA探针与染色体上的DNA杂交，在染色体上直接进行检测的分子标记技术。本技术可对组织细胞原位的待测核酸分子进行定性、定量及定位分析。

染色体原位杂交技术的基本原理是根据核酸分子碱基互补配对的原则，将有放射性或非放射性标记的外源核酸（探针），与载玻片上的染色体经过变性后的单链DNA片段，在适宜的条件下互补配对、结合，形成专一的核酸杂交分子，再经过相应的检测手段，将待测核酸在染色体上的位置显示出来。通过用同位素或生物素、地高辛标记的 DNA 或 RNA 探针与染色体制片杂交，通过放射自显影或抗原、抗体反应，在荧光显微镜下可观察到制片探针与其互补的 DNA 序列结合的位置，从而确定待测核酸是否与探针序列具有同源性，达到鉴定靶核酸序列性质的目的。

染色体原位杂交技术作为植物分子细胞遗传学研究的重要手段被广泛地应用于基因定位，染色体结构变异，物种的起源、进化和亲缘关系分析，物理图谱的构建等多个方面。

一、探针类型及探针标记的方法

（一）探针类型

用作植物DNA分子原位杂交的探针主要是高度重复的串联或散布的物种专化DNA序列，用受体物种总基因组 DNA 作遮盖，这种探针比较直接简便，常被用来鉴定外源染色体或研究起源演化。以外源物种核基因组 DNA 为探针、受体品种 DNA 作遮盖的分子原位杂交对易位系检测特别有效，它不仅可检测易位片段的大小，而且能清楚地显示易位断点的确切位置。

另外，还可以利用单拷贝或低拷贝序列作探针，这类探针主要用来构建染色体物理图谱。可以根据碱基序列信息设计特异引物，通过 PCR 等方法来合成特异探针。例如，用地高辛探针合成试剂盒，通过 PCR 来合成地高辛标记的特异探针。用人工合成的寡聚核苷酸片段作核酸杂交探针应用十分广泛，可根据需要合成相应的序列，可合成仅有几十个 nt 的探针序列，对于检测点突变和小段碱基的缺失或插入尤为适用。

（二）探针标记的方法

1. 放射性标记 最初，普遍采用将含有放射性同位素的核苷酸掺入探针中，杂交后，再通过放射自显影技术显示杂交位置。

2. 非放射性标记 根据标记和检测特点的不同，可将非放射性标记原位杂交分为直接标记法和间接标记法。

（1）直接标记法 直接标记法是指掺入探针中的标记物在杂交后可用荧光显微镜直接检测到，也叫荧光原位杂交（FISH）。其常用的标记物有异硫氰酸荧光素（FITC）、氨甲基香豆素乙酸酯（AMCA）和罗丹明衍生物（TRITC）。由于其灵敏度相对较低，很快为间接标记法所替代。

（2）间接标记法 所谓间接标记法，是指掺入探针中的标记物不能直接观察到，必须通过偶联复合物专一地结合到杂交后的探针标记物上，通过特殊的检测方法来显示杂交位点。这种方法最常用的标记物是生物素（biotin）和地高辛（digoxigenin，DIG）。

生物素的探针标记物 Biotin-16-dUTP、Biotin-11-dUTP、Biotin-14-dATP、Biotin-7-dATP 已非常成功地应用到原位杂交研究中。其荧光检测系统是将荧光素连接在抗体上，通过对生物素的抗原抗体级联放大，用荧光显微镜可非常容易地检测到标记位点。由于不同荧光素在紫外线下显示不同的颜色，可实现同时标记多个探针，同时检测和定位多个位点。尽管生物素标记体系在原位杂交中得到了充分应用，但由于生物中普遍存在着内源性生物素的干扰，以及生物素蛋白对非流动性基质存在非特异性结合，降低了灵敏度。

地高辛标记物又称羟基洋地黄毒苷（强心素），属于类固醇抗原物质，其抗体与其他任何固醇类似物无交叉反应。常用的标记物为 Digoxigenin-11-dUTP，并且生物素标记系统中的所有标记和检测方法都可应用到 DIG 标记系统中。

用作探针的 DNA 或 RNA 可以用多种方法进行标记，其中酶标记法使用最为广泛。对于大于 1kb 的探针，建议采用切口平移法，而随机引物标记法更适用于 100bp～1kb 的探针。RNA 探针多采用体外转录法或化学合成法进行标记。

二、染色体原位杂交的流程

在遗传研究中，原位杂交主要在中期染色体、细胞和组织切片标本上进行，材料需经过固定、制片、预处理、变性、杂交、洗脱和检测等步骤（图 1.3）。

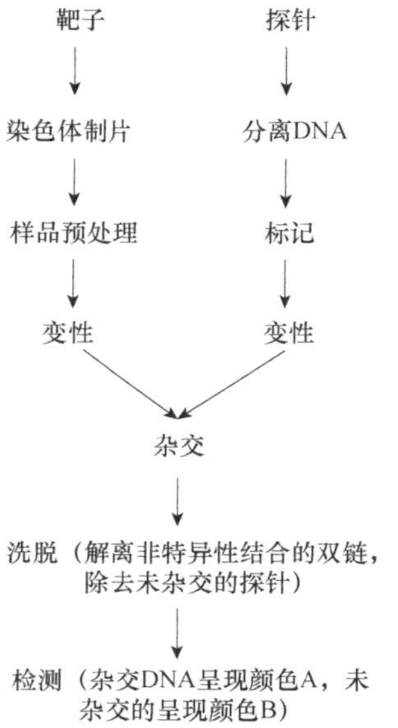

图 1.3　原位杂交流程示意图

（一）染色体制片

用来进行原位杂交的染色体制片，制备方法与普通染色体制片基本相同。材料可以是体细胞（如根尖细胞），也可以是花粉母细胞。通常以甲醇（或乙醇）和冰醋酸（3∶1）的混合试剂固定材料，而后用压片法或去壁低渗火焰干燥法制片，选择具有理想的细胞分裂时期的片子予以备用。

（二）样品预处理

在待测样品中，DNA 或 RNA 通常都被蛋白质包裹缠绕，根据不同的细胞和组织样品的应用，可选择合适的预处理方法将靶 DNA 暴露。

植物细胞有细胞壁，可用纤维素酶和果胶酶去除根尖的果胶层和细胞壁，将酶解处理过的细胞滴于载玻片上，用卡诺固定液展开，火焰干燥，可以获得大量去壁的间期细胞核及分散很好的早中期或中期染色体。

在 DNA-DNA 杂交试验中，RNA 酶（RNase）处理可去除内源性 RNA，增加试验的信噪比。方法是先把盖玻片揭开，然后用 RNA 酶处理制片，消化掉染色体上的内源 RNA。

（三）靶 DNA 的变性

样品 DNA 的变性在 DNA-DNA 杂交检测中是必需的步骤，但同时可能会造成样品形态学的部分破坏，此步是实验中需要优化的一个步骤。常用碱、酸、甲酰胺或高温处理，使 DNA 变性，成为单链。

常用的变性方法为碱变性和热变性，实验时可以摸索变性时间、变性温度等参数以获得最佳条件。如使用热变性方法，可在杂交时将探针的变性和样品 DNA 变性同步进行。

（四）探针制备

在进行研究前，确定应用的探针类型。杂交中的探针主要包括放射性同位素标记的探针和非放射性标记物标记的探针，如 ^{35}S、荧光素等。放射性同位素标记的探针敏感性高，有一定的危险性，且成本高又费时，而对于非放射性探针标记物来说，尽管其敏感性不如放射性同位素，但拥有高亲和力、性能稳定、操作简便、成本低和耗时短等特点，已广泛应用于中期染色体和间期细胞的遗传分析、基因定位作图等研究领域。DNA 探针的制备包括前期的 DNA 片段分离纯化（或 cDNA 的克隆）和酶促探针标记，可选择随机引物标记法和缺口平移法等。RNA 探针的制备包括转录载体克隆和转录法探针标记。寡核苷酸探针的制备要求先获得合成的寡核苷酸片段，再进行末端标记或加尾法探针标记。随着核酸合成成本的降低，寡核苷酸探针可直接进行商业合成并添加标记。

（五）原位杂交

杂交前可进行预杂交，以防止较高的背景染色。预杂交条件与杂交条件相同，只是预杂交液中不含探针和硫酸葡聚糖。

原位杂交目前常用的是把非放射性探针、甲酰胺、硫酸葡聚糖、鲑鱼精 DNA、磷酸缓冲液（SSC）配成杂交液，置于制片上，盖上盖玻片，在 37℃左右的恒温箱中保温过夜，使探针同与其碱基序列具有互补性的单链 DNA 分子杂交，形成双链。

（六）杂交后的洗脱

杂交后洗脱的主要目的是解离非特异性结合的双链和除去未杂交的探针。洗脱的严谨性可通过调节洗脱液中的甲酰胺浓度、盐浓度和洗脱温度来实现。常用洗涤液为含 50%甲酰胺的 2×SSC。

（七）检测

若使用荧光标记的探针，则在杂交和洗涤步骤后直接用荧光显微镜观察。荧光探针配合荧光显微镜的检测是进行多重探针检测的良好手段，检测时建议使用抗荧光衰减封片剂，以减缓荧光淬灭。

荧光显微镜检测的原理是用一定波长（激发波长）的光激发荧光染料中的电子，使它们跃迁到外层电子层。这些激发的电子很不稳定，在回到稳定状态的过程中将释放能量，即发射荧光（发射波长）。激发光通常是用高压汞或氧电弧灯产生的，它可以发射出高强度的所需波长的光。用滤光镜选择合适的激发波长的光后，即可以显示某一特定的荧光染料。最常用的荧光染料有 4′,6-二脒基-2-苯基吲哚（DAPI）（在紫外线激发下发出蓝色荧光）、FITC 和荧光素（在蓝激发光下发出绿色荧光），以及罗丹明和得克萨斯红（在绿激发光下发出红色荧光）。

第二章　细胞遗传学实验技术

实验一　染色体标本片生物材料的准备

一、实验目的

1. 了解制备植物染色体标本片所用材料的特点和取材方法。
2. 掌握材料预处理和固定的原理和技巧。

二、实验原理

1. 取材

（1）*有丝分裂*　细胞分裂最旺盛的区域在根尖、茎生长点及幼叶等部位的分生组织区。由于根尖无其他组织遮盖，且较柔软，最易于制片观察，故根尖细胞为大部分植物观察体细胞有丝分裂的主要材料。

（2）*减数分裂*　选取减数分裂活动比较旺盛的小花作为观察材料，为了获得较多合适的分裂细胞，不同植物的取材时间有所不同，有些上午 9:00～11:00，有些下午 3:00～4:00。植物一般开花前 5～10d 为减数分裂时期。部分木本植物的开花时间大体上是同步的，花粉母细胞减数分裂的时间一般为 2～3d。黑麦幼穗中上部的小穗最早发育，然后依次向上、向下发育，每个小穗有两朵小花。

2. 材料的固定　将新鲜的活组织从生物体上取下后，立即投入固定剂中，借助化学药品的作用，使细胞保持原有形态和结构。固定时常用无水乙醇和冰醋酸（3∶1）的混合试剂，其中乙醇的渗透力强，杀死细胞快，可使材料脱水变硬，固定核蛋白效果较差，很少单独使用；而冰醋酸能凝固核蛋白，对材料有膨胀和软化作用，常与水、乙醇、氯仿混合使用。

三、实验材料

蚕豆（*Vicia faba*，$2n=12$）的种子或新鲜的洋葱（*Allium cepa*，$2n=16$）；黑麦（*Secale cereale*，$2n=14$）的幼穗、玉米（*Zea mays*，$2n=20$）的幼雄穗。

四、实验用品

1. 仪器用具　瓷盘、镊子、医用纱布、剪刀、烧杯、光照培养箱等。

2. 药品试剂　0.1%秋水仙素溶液、无水乙醇、冰醋酸等。

3. 试剂配制

1）0.1%秋水仙素溶液：称取 0.1g 秋水仙素，用 0.5～1 滴 95%乙醇溶解，加蒸馏水 100mL 混匀。

2）卡诺固定液Ⅰ：将无水乙醇与冰醋酸按 3∶1 的体积比混合均匀。

五、实验步骤

（一）蚕豆和洋葱的取材步骤

1. 材料准备 选取新鲜饱满的蚕豆种子，洗净后用清水浸泡10～20h，使种子充分吸水，转移到垫有3层纱布的瓷盘中，上面盖3层湿纱布，置于20～25℃培养箱中，于黑暗下催芽。当胚根长至3cm时，将根尖切除，继续培养，待侧根长至1～2cm时，剪下根尖。

新鲜洋葱剪去老根，使根部向上，在阳光下晒2d，洗净后置于烧杯口上，杯内盛水直至顶部与葱头接触，在20～25℃培养箱中培养，待根长至1～2cm时，在上午10:00～12:00剪取生长健壮的根尖。

2. 预处理 将根尖置于0.1%秋水仙素溶液中处理3h或置1～4℃冰箱中处理24h。

3. 固定 以卡诺固定液Ⅰ室温固定24h，固定液的量为根尖材料体积的10～15倍或以上。用95%乙醇、80%乙醇、70%乙醇漂洗各1次，直至无冰醋酸味后，浸没在70%乙醇中，置于0～4℃冰箱保存。

（二）黑麦和玉米的幼雄穗的取材步骤

1. 取材 一般3月中旬晴天上午9:00～11:00为黑麦幼穗的减数分裂时期，此时旗叶与下一片叶子间的叶耳距为－1～3cm，花药和幼穗均呈黄绿色，花药长3～5mm，同时用手从幼穗下端向顶端摸，感觉稍硬。玉米雄穗尖端露出的前7～10d，用手指挤摸雄穗中上稍微膨大部分，有柔软之感，表明雄花序即将抽出。用刀在顶叶喇叭口处纵向划一刀，切开长10～15cm，剥出雄花序，顶端花药长3～5mm。利用作物的外部形态特征作为取材指标时，还需考虑当年的气温、空气湿度和土壤肥力等环境条件。例如，春季气温较低，在10～15℃，且常常伴随阴雨天气，黑麦幼穗的取材时间应适当推迟一周左右，旗叶与下一片叶子间的叶耳距以4～10cm为佳。

2. 固定 将新鲜的幼穗完全浸在卡诺固定液中固定24h，用95%乙醇、80%乙醇和70%乙醇依次洗涤各1次，最后置70%乙醇保存液中，于4℃冰箱中保存备用，数年内有效，但最好不超过2个月。

六、作业

各组分别准备1瓶观察有丝分裂的材料和1瓶观察减数分裂的材料。

实验二 压片法制备染色体标本片

一、实验目的

1. 学习植物根尖细胞有丝分裂染色体计数的制片方法。
2. 观察体细胞有丝分裂各个时期染色体的变化和特征。

二、实验原理

有丝分裂是生物体细胞增殖的主要方式，可分为前期、中期、后期和末期。前期染色质纤丝螺旋化缩短变粗，染色体从细长不可见到粗短可见，核仁逐渐消失；中期染色体随机移到赤道板，着丝粒区域排列在赤道板上；后期着丝粒分裂为二，染色体在纺锤丝牵引下拉向两极，并列的姐妹染色单体分开；末期染色体开始聚成团并移到两极，细胞板、核膜和核仁逐渐形成。其中，有丝分裂中期的染色体最粗最短，比较分散，常用于鉴别染色体的形态和数目。

三、实验材料

蚕豆（*Vicia faba*，$2n=12$）的种子或新鲜的洋葱（*Allium cepa*，$2n=16$）。

四、实验用品

1. 仪器用具　恒温水浴锅、生物显微镜、酒精灯、载玻片、盖玻片、镊子、刀片、解剖针、滤纸、标签、铅笔等。

2. 药品试剂　1mol/L 盐酸、改良苯酚品红染液等。

3. 试剂配制

（1）1mol/L 盐酸　量取浓盐酸（相对密度 1.19）82.5mL，用蒸馏水定容至 100mL。

（2）改良苯酚品红染液

1）母液 A：100mL 70%乙醇加 3g 碱性品红充分溶解（可久存）。

2）母液 B：取 5%苯酚水溶液 90mL，加入 10mL 母液 A。

3）苯酚品红染液：取 45mL 母液 B，加入 6mL 37%的甲醛（可久存）。

4）改良苯酚品红染液：取 4mL 苯酚品红染液，加 96mL 45%乙酸和 1.8g 山梨醇充分溶解。

五、实验步骤

1. 酸解离　根的诱发、预处理、固定和保存参见实验一。将保存材料放入盛有蒸馏水的小磨口瓶中，漂洗 3 次，加入 1mol/L 盐酸，在 60℃的水浴中解离 15min。

2. 冲洗　当根尖呈透明状、生长点为米黄色时即可取出，用蒸馏水冲洗 3 次，每次 2min。

3. 染色、烤片及敲片　将 1～2 个根尖放在载玻片中央，用刀片切下顶端 1～2mm，加 1/3～1/2 滴改良苯酚品红染液，染色 5min 左右。用镊子迅速捣碎组织，盖上盖玻片，将载玻片背面在酒精灯上来回晃动地烤 5～6 次，温度不能过高（以手背试之有烫感即可），然后迅速在盖玻片上加层滤纸，左手的食指和中指压住盖玻片左侧的两个角，右手用铅笔的橡皮头轻轻敲打盖玻片，开始敲打细胞集中的部位，待细胞像云雾一样散开后，再从中间向四周先轻后重敲打盖玻片，使盖玻片处于一个水平面上且细胞均匀分散，用吸水纸吸去多余染液。

4. 镜检　先用低倍镜寻找有分裂象的细胞，再用高倍镜仔细观察各时期染色体的行为和特征。

六、作业

1. 制作细胞有丝分裂各时期图像清晰的标本片 1～2 张。
2. 对所观察到的分裂象进行绘图，并简要说明染色体的行为特征。

实验三　植物花粉母细胞减数分裂的涂抹制片技术

一、实验目的

1. 观察减数分裂过程，了解各主要时期染色体的主要特征及行为的动态变化。
2. 学习减数分裂标本片的制片技术。

二、实验原理

减数分裂是在性母细胞中进行的一种特殊的细胞分裂方式，由连续两次细胞分裂组成，而染色体只复制一次，最后形成 4 个子细胞，每个子细胞中含有原母细胞核中的半数染色体。减数分裂包括减数第一次分裂和减数第二次分裂，即前期Ⅰ、中期Ⅰ、后期Ⅰ、末期Ⅰ、前期Ⅱ、中期Ⅱ、后期Ⅱ、末期Ⅱ。其中，前期Ⅰ特别长，变化复杂，分为细线期、偶线期、粗线期等，涉及同源染色体的配对、交换及分离等。

在适当的时机采集植物的花药，经固定液固定、染色、压片，在显微镜下可观察到小孢子母细胞形成花粉粒时的减数分裂过程。

三、实验材料

黑麦（*Secale cereale*，$2n=14$）的幼穗或玉米（*Zea mays*，$2n=20$）的幼雄穗。

四、实验用品

1. 仪器用具　镊子、解剖针、酒精灯、载玻片、盖玻片、吸水纸、生物显微镜等。

2. 药品试剂　改良苯酚品红染液、无水乙醇等。

3. 试剂配制　改良苯酚品红染液的配制：参见实验二“压片法制备染色体标本片”部分。

五、实验步骤

1. 染色、涂片和盖片　黑麦幼穗的取材、固定和保存参见实验一。选取黑麦小花，剥离颖壳，取 1～3 枚花药，或取玉米雄花序顶端花药 3～4 个，滴 1 滴改良苯酚品红染液，用刀片切断花药，并用镊子挤压，使花粉母细胞挤出并悬浮于染色液中，将花药壁等残渣清除干净，用镊子尖端搅动染液，使花粉母细胞悬浮起来，立即盖上盖玻片。盖玻片从一边慢慢放下，避免气泡产生。染色 5～10min。

2. 烤片　在酒精灯上来回晃动烤片，温度不能太高，以手背触片有烫感为宜。

3. 压片 在盖玻片上垫一张吸水纸，用拇指对准材料正中按压一下，切勿使盖玻片移动，吸去多余染液。

4. 镜检 将制好的标本片先用低倍镜观察，找到花粉母细胞，再用高倍镜观察减数分裂各时期染色体的行为和特征。

六、作业

1. 制作各时期图像清晰的标本片 1～2 张。
2. 绘制观察到的减数分裂不同时期的典型图像，并简要说明染色体的行为特征。
3. 分析自己制片过程中出现的问题及可能原因。

实验四 永久标本片的制作

一、实验目的

掌握将效果较好的临时标本片制作成永久标本片的原理和方法。

二、实验原理

临时标本片放置时间不能过长，超过一周时细胞将会发生收缩现象，同时染色体颜色变浅，导致染色体形态模糊，难以观察和鉴别时期。因此，将一些效果较好的临时标本片制作成永久标本片以便长期保存，便于进一步观察研究或用作试教片。永久标本片的制作包括脱盖玻片、脱水、透明、封片和标注标本片，其中脱水和透明是制作永久标本片的关键步骤。目前较理想的脱水剂为无水乙醇，透明剂为叔丁醇和正丁醇。

三、实验材料

经镜检分散良好的临时标本片，临时标本片的制备参考实验二和实验三。

四、实验用品

1. 仪器用具 超低温冰箱或冰箱、培养皿（直径 12cm）、细玻璃棒、标签纸等。

2. 药品试剂 正丁醇、冰醋酸、无水乙醇、二甲苯、加拿大树胶等。

五、实验步骤

1. 脱盖玻片

1）将临时标本片放在−80℃超低温冰箱内冷冻 10～20min，或−20℃冰箱内冷冻 20～30min。

2）将经冷冻的临时标本片取出翻过来放于盛有无水乙醇-冰醋酸（1∶1）的培养皿中，且一端垫上细玻璃棒，让混合液充分渗入盖玻片内，直到盖玻片从载玻片上自动脱落。也可以直接用刀片迅速把盖玻片撬起揭开。

2. 脱水和透明 将盖玻片及载玻片依次移入盛有无水乙醇-正丁醇（2∶1）、无水乙醇-正丁醇（1∶2）、纯正丁醇的培养皿中的细玻璃棒上，每次处理 3～4min。或者不经过脱水和透明，直接将盖玻片连同载玻片放在标本盒中自然干燥。

3. 封片 在载玻片中央小心滴 1 滴溶于二甲苯中的加拿大树胶，加拿大树胶与二甲苯的比例为 3∶1 或 4∶1，将盖玻片盖回原来位置。

4. 标注标本片 在载玻片的磨砂部位注明标本片名称、时期、日期和制片人姓名。

六、作业

每人制作 2 张完整的永久标本片。

实验五 DNA 的细胞化学鉴定——福尔根反应

一、实验目的

学习 DNA 专性反应的福尔根（Feulgen）染色技术，了解 DNA 在细胞间期和分裂期的分布。

二、实验原理

福尔根反应（Feulgen reaction）是 1924 年由福尔根和罗森贝克发现的一种鉴定 DNA 的专性反应，它不仅能对 DNA 进行定性观察，借助细胞分光光度计还可对 DNA 进行定量测定。当细胞经 60℃、1mol/L 盐酸处理后，DNA 分子中的脱氧核糖与嘌呤碱之间的糖苷键部分被破坏，使嘌呤碱脱掉，脱氧核糖第一个碳原子上潜在的醛基暴露，形成含醛基的无嘌呤结构物。醛基可与福尔根染色液中的无色品红分子发生反应，形成含醌基的化合物，呈紫红色。因此，根据紫红色出现的部位就可鉴定 DNA 存在的部位及其分布，还可从紫红色的深浅来判断 DNA 的相对含量。

福尔根反应只能使染色体着色而细胞质不着色，且颜色较均匀，组织软化较好，易于制片，但压片时染色体不易分散，易相互缠绕，尤其是大染色体植物。

三、实验材料

蚕豆（*Vicia faba*，$2n=12$）、小麦（*Triticum aestivum*，$2n=14$）、黑麦（*Secale cereale*，$2n=14$）的根尖。

四、实验用品

1. 仪器用具 生物显微镜、恒温水浴锅、载玻片、盖玻片、镊子、小磨口瓶、刀片、酒精灯（动物血样等制片时需要烤片固定）、滤纸、吸水纸等。

2. 药品试剂 1mol/L 盐酸、福尔根染色液、漂洗液、冰醋酸、活性炭等。

3. 试剂配制

1）1mol/L 盐酸的配制：参见“实验二压片法制备染色体标本片”部分。

2）福尔根染色液：将 0.5g 碱性品红溶于 100mL 煮沸的蒸馏水中，煮沸 5min，并不断搅拌使其充分溶解。冷却至 58℃，过滤到棕色瓶中，待冷却至 25℃时，加入 10mL 1mol/L

盐酸和 0.5g 偏重亚硫酸钠（钾），振摇使之充分溶解，密闭瓶口，置冰箱中黑暗过夜。次日检查，当液体为淡黄色或无色时即可使用。若有少量红色或棕黄色，则可加入 0.5g 中性活性炭，摇动 1min，过滤后保存于 4℃冰箱中，并外包黑纸，以防长期暴露在强光、高温、空气中加速氧化而变色；若液体颜色变为粉红色时，则染液不能再用；若染液变为淡红色，当加入少量偏重亚硫酸钠（钾）转为无色时，则也可使用。

3）漂洗液：材料用福尔根染色液染色后，需用含有二氧化硫（SO_2）的溶液漂洗，以除去附着于细胞质中的残留染料。漂洗液的配制方法为：将 5mL 1mol/L 盐酸加入 5mL 10% 偏重亚硫酸钠（钾）溶液中，用蒸馏水定容至 100mL。此液易失效，最好现配现用。

五、实验步骤

1. 酸解离　将蚕豆、小麦或黑麦的根尖放入小磨口瓶中，用 1mol/L 盐酸室温浸泡 2～5min，然后移入 60℃恒温水浴中水解 10～20min，取出后用冷的 1mol/L 盐酸洗 1 次，用蒸馏水洗 3 次。盐酸的量至少为材料的 10 倍。

2. 染色　用干净的滤纸吸净水分，加入福尔根染色液，避光室温（10℃左右最佳）染色 0.5～1h，当根尖为紫红色，其余部分为白色时即可取出。

3. 漂洗　将根尖用新配制的漂洗液连续漂洗 3 次，每次 5min，再用蒸馏水漂洗 5～10min。

4. 制片　取一根尖置于载玻片上，切下紫红色的部位，加 1 滴清水或 45%乙酸水溶液，盖上盖玻片烤片并外加滤纸，用铅笔的橡皮头连续轻敲数下。

5. 镜检　在高倍镜下，细胞核或染色体呈紫红色，而核仁和细胞质为无色。若要隔一段时间制片，材料宜保存在 0℃的蒸馏水中。

6. 做对照　根尖经 60℃蒸馏水水解后，放入福尔根染色液中染色，然后按步骤 3～5 制片观察。染色时间不能太长，一般 0.5h 即可，不要超过 1h，否则染液本身的酸性也会使 DNA 水解，出现假的正反应。

六、作业

1. 根据染色情况说明细胞分裂间期及分裂期 DNA 的分布状况。
2. 说明经 60℃、1mol/L 盐酸处理后的标本片与对照处理标本片的差异及产生原因。

实验六　去壁低渗火焰干燥法制备植物染色体标本片

一、实验目的

1. 掌握去壁低渗火焰干燥法制备植物染色体标本片的基本原理和方法。
2. 获得优良的中期染色体标本片用于核型和带型分析。

二、实验原理

植物染色体的常规压片技术是指靠机械外力使染色体平铺开，操作简单，但细胞质和细胞壁对染色体有一定的覆盖作用，且染色体易产生重叠、变形和断裂现象，这不仅严重影响了显带结果，还增加了核型分析的难度。去壁低渗火焰干燥法通过纤维素酶和果胶酶降解细胞壁和细胞间的果胶质，使原生质体彻底裸露出来，借助表面张力让染色体平铺开。因此，染色体不仅分散良好，且所受机械损伤较少。

三、实验材料

蚕豆（*Vicia faba*，$2n=12$）、水稻（*Oryza sativa*，$2n=24$）、玉米（*Zea mays*，$2n=20$）的种子。

四、实验用品

1. 仪器用具 生物显微镜、恒温培养箱、载玻片、酒精灯、瓷盘、纱布等。

2. 药品试剂 0.1%秋水仙素溶液、氯化钾（KCl）、纤维素酶、果胶酶、甲醇、冰醋酸、磷酸缓冲液、Giemsa 母液等。

3. 试剂配制

1）0.1%秋水仙素溶液的配制：参见“实验一染色体标本片生物材料的准备”部分。

2）0.075mol/L KCl 溶液：称取 1.12g 的 KCl，溶于 200mL 双蒸水（ddH_2O）中。

3）磷酸缓冲液和 Giemsa 母液的配制：参考“实验十植物染色体显带技术”部分。

五、实验步骤

1. 取材 将蚕豆种子保湿培养，待萌发出的主根生长至长 1～2cm 时，切掉主根根尖继续培养，侧根长到 0.5～1cm 时，取根尖分生区 1～2mm。水稻或玉米的种子洗净并浸泡过夜，铺在瓷盘中，盖 2 层纱布，25℃避光保湿培养，待根长 0.5～1cm 时，切取根尖分生区。

2. 预处理 根尖分生区用 0.1%秋水仙素溶液处理 3h。

3. 前低渗 将预处理液吸除，材料用 0.075mol/L KCl、在 25℃条件下处理 30～60min。

4. 酶解 取出材料，加入 2.5%的纤维素酶和果胶酶（1∶1）混合酶，在 25～30℃条件下处理 2～4h，其间最好振摇几次。材料与酶液的体积比例以 1∶20 为宜。

5. 后低渗 用同温的蒸馏水将材料清洗 3 次，并完全浸没材料处理 30min。

6. 固定 材料转入新配制的固定液（甲醇∶冰醋酸＝3∶1）中固定处理 15～30min。

7. 制备标本片 将载玻片充分洗刷干净并进行脱脂处理，在－80℃超低温冰箱中冷冻 30min。在载玻片中央放一半的根尖材料，加 1～2 滴固定液，用镊子轻轻敲打材料约 20 次，使组织块分散成单个细胞，加固定液 1～2 滴，轻轻抬起载玻片一端，吹气使细胞迅速分散，在酒精灯火焰上加热烤干或空气中自然干燥 30min。

8. 染色 干燥片用 pH＝6.8 的磷酸缓冲液与 Giemsa 母液按 20∶1 混合而成的染色液染色 15～30min，用自来水冲洗，在空气中干燥。

9. 镜检 在显微镜下镜检，寻找典型的中期图片，用于核型分析和带型分析。

六、作业

1. 绘制植物中期染色体组的图像。
2. 与压片法相比，说明去壁低渗火焰干燥法的优点。

实验七 石蜡切片法制备标本片

一、实验目的

1. 熟悉植物石蜡切片的过程。
2. 掌握番红-固绿对染法的基本原理和染色方法。

二、实验原理

石蜡切片法是在研究植物的细胞、组织、形态、结构等方面常用的制片方法。它可将植物材料切成薄片，经苏木精与伊红对比染色。苏木精为碱性染料，可将细胞核染成蓝紫色；伊红为酸性染料，可将细胞质染成粉红色。该方法适用于各种固定液固定的材料，染色后不易褪色，可长期保存。

三、实验材料

幼嫩植株的根、茎和叶片。

四、实验用品

1. 仪器用具 石蜡切片机、烘箱、光学显微镜、染色缸、小培养皿、镊子、毛笔、蜡带盒、吸水纸、光面磨边载玻片、盖玻片等。

2. 药品试剂 FAA 固定液（甲醛-乙酸-乙醇固定液）、石蜡、赖氨酸、Hansen 甲矾苏木精染液、1%盐酸乙醇溶液、1%伊红乙醇溶液、无水乙醇、二甲苯、中性树胶等。

3. 试剂配制

1）FAA 固定液：若固定柔软材料，将 50%乙醇 90mL、冰醋酸 5mL、福尔马林 5mL 混匀；若固定坚硬材料，将 50%乙醇替换为 70%乙醇。

2）Hansen 甲矾苏木精染液：将 10%苏木精乙醇溶液 10mL 与 10%钾矾水溶液 200mL 混匀，加入 6%高锰酸钾水溶液 16mL 充分搅拌，加热至沸腾，冷却后保存。

3）1%盐酸乙醇溶液：1mL 盐酸加入 100mL 50%乙醇中，混合均匀。

4）1%伊红乙醇溶液：1g 伊红充分溶于 100mL 95%乙醇中，加 1 滴冰醋酸混匀。

五、实验步骤

1. 固定 一般在晴朗的早晨 9:00～10:00 时，取直径小于 5mm、长 5～10mm 的幼嫩根和茎，或宽 2～5mm、长 5～8mm 的新鲜叶片，置于 FAA 固定液中，真空泵抽气直至材料沉到容器底部，4℃固定过夜。

2. 脱水 为避免组织急剧收缩，材料依次经50%、70%、85%、95%乙醇和4次无水乙醇梯度脱水，每步30～60min。

3. 透明 材料依次经过无水乙醇–二甲苯（3∶1）、无水乙醇–二甲苯（1∶1）、无水乙醇–二甲苯（1∶3）、3次100%二甲苯，每步30～60min。

4. 浸蜡 投放少量石蜡碎片到含有植物材料的100%二甲苯中，室温过夜。然后，移到42℃条件下使石蜡溶解，逐步加入石蜡碎片直到饱和，之后除去材料中的二甲苯和石蜡混合物，倒入纯石蜡，置于56～60℃条件下，每过4～12h换一次纯石蜡，至少换4次。

5. 包埋 将石蜡和材料的混合物倒入折好并180℃烘烤至少6h的锡箔纸船中，用镊子将材料摆好位置，移至冰上，待石蜡凝固后，放入4℃冰箱中保存。

6. 切片 将包埋的蜡块用解剖刀修成规整的梯形，保证材料四周都有石蜡包围，但不可太多。加热解剖刀，将石蜡块周围的碎屑烫平，并蘸取少许石蜡碎屑迅速使石蜡块牢固地粘在小木块上。安装切片机，调整刀的角度，调整石蜡块与刀口之间的角度为15℃左右。开始切片，右手摇动转轮，把蜡块切成8～10μm厚的蜡带，用毛笔轻托蜡带放在蜡带盒内，切一小段放载玻片上，加一滴水，在显微镜下观察切片是否良好。

7. 粘片与烤片 取粘贴剂（赖氨酸）2μL滴于磨砂片的白片中央，用另一张白片摩擦以使两张片的白片处完全均匀涂抹上赖氨酸。将挑选出的石蜡带片轻放于载玻片上，光面朝下，皱面朝上，从载玻片一角滴1mL无菌水，轻轻滴水使切片完全浮于水面上，若有一边粘在载玻片上，用毛笔轻刷使其浮起，以便整张切片平铺于水上。然后将载玻片放于39℃的展片机上，使蜡带完全展开烫平、烘干，再放入烘箱中42℃烘48h以上。此时若不继续往下做时，可将片子放入4℃保存。

8. 脱蜡及复水 把烤好的载玻片放于盛有100%二甲苯的染缸中脱蜡2次，每次10min。将脱蜡完全的材料用二甲苯–乙醇（1∶1）处理5min，再依次经无水乙醇和85%、70%、50%、30%乙醇复水，每次3min。

9. 染色 将切片放入Hansen甲矾苏木精染液中染色约10min，用水冲洗1～2min。

10. 分化及脱水 将切片向1%盐酸乙醇溶液中放进并取出，重复5次，用水洗约10min，再依次经50%、75%、85%乙醇脱水，每次2min。

11. 复染 用1%伊红乙醇溶液对比染色5min，使细胞质着色。

12. 脱水及透明 切片放入无水乙醇中脱水2次，每次各3min，用二甲苯–乙醇（1∶1）、100%二甲苯分别透明处理5min。

13. 封片观察 切片上加1～2滴中性树胶，将洁净的盖玻片倾斜放下，进行封片，置于42℃的烘箱中烤片48h以上，待干燥后用光学显微镜进行观察照相。

六、作业

1. 每人至少制作2张幼嫩组织的标本片。
2. 分析影响染液染色的主要因素。

实验八 果蝇唾腺染色体的制片与观察

一、实验目的

1. 学习果蝇幼虫解剖技术及果蝇唾腺染色体制片法。
2. 观察果蝇唾腺染色体的形态特征。

二、实验原理

唾腺染色体是双翅类昆虫唾腺细胞间期核中的巨型染色体，又称多线染色体，宽 5μm，长 2000μm。果蝇三龄幼虫发育到一定阶段后，唾腺细胞的数目不增加，但体积增大，细胞有丝分裂停止在间期，DNA 不断自我复制，而着丝点不裂开。同源染色体紧密配对，各条染色体在着丝粒附近互相靠拢，与核仁一起形成染色中心，从染色中心处伸出 5 条长臂和 1 条短臂（图 2.1）。染色后，出现一系列宽窄不同、染色深浅不一的横纹。横纹由染色小粒横向排列而成，其数目和位置往往恒定，是研究染色体的部分缺失、倒位、重复、易位等现象的标记。

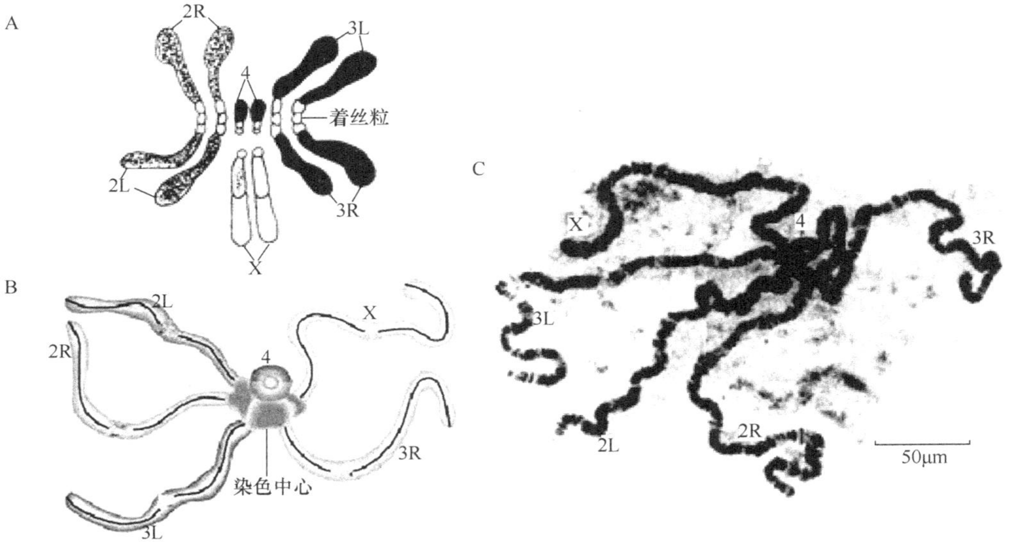

图 2.1 唾腺染色体（引自刘祖洞和江绍慧，1987）

A，B. 果蝇唾腺染色体模式图；C. 果蝇唾腺染色体显微照片

三、实验材料

果蝇（*Drosophila melanogaster*，$2n=8$）三龄幼虫。

四、实验用品

1. 仪器用具 体视镜、生物显微镜、镊子、解剖针、载玻片、盖玻片等。

2. 药品试剂　1mol/L 盐酸、冰醋酸、生理盐水、乙酸洋红染液、蒸馏水等。

3. 试剂配制

1）1mol/L 盐酸的配制：参见“实验二压片法制备染色体标本片”部分。

2）生理盐水：称取 0.85g 氯化钠（NaCl），加蒸馏水 100mL 溶解，在 1.15×10^5Pa、120℃条件下灭菌 15min。

3）乙酸洋红染液：取 45%乙酸水溶液 500mL 置于 1000mL 的锥形瓶中，加热至沸约 1min，移走火源，慢慢加入 5g 洋红粉末，不断搅动使其溶解（注意防止溅沸），再加热至沸 1～2min，冷却后加入 2%硫酸铁铵水溶液 5～10 滴，或用细线悬一生锈的小铁钉浸入染色液中，约 5min 后取出，在室温下静置约 12h 后过滤于棕色瓶中，避光常温保存，数月有效。

五、实验步骤

1. 幼虫解剖　取果蝇三龄幼虫置于载玻片上，滴 1 滴生理盐水，在体视镜下，左手持镊子按压住虫体后端 1/3 的部位以固定幼虫，右手持解剖针扎住幼虫头部口器部位，用力向前拉，将头部扯开，腺体即随之而出。腺体位于食道两侧，中间夹有神经节。唾腺是一对透明而微白的长形小囊，侧面有白色的不透明的沫状脂肪组织。

2. 染色前处理　在低倍镜下去除唾腺周围的脂肪等其他组织。

3. 酸解　将生理盐水吸干，加 1 滴 1mol/L 盐酸，浸 2～3min，使组织疏松，以便压片时细胞分散，染色体散开。

4. 染色　用盐酸冲洗干净片子，加 1 滴乙酸洋红染液，染色 30min。

5. 压片　盖上盖玻片，在盖玻片上覆一条吸水纸，用拇指适当用力压片。

6. 显微镜观察　在低倍镜下观察，选出典型细胞后用高倍镜观察。

六、作业

1. 绘制所观察到的染色体简图。
2. 描绘果蝇唾腺染色体与其他染色体在形态结构上有何区别。

实验九　染色体的核型分析

一、实验目的

1. 了解染色体的形态特征。
2. 熟悉染色体核型分析中各项参数的意义。
3. 掌握染色体核型分析的方法。

二、实验原理

染色体是生物细胞内遗传物质的主要载体，各种生物染色体的形态、数目和结构都是相对稳定的，每一生物细胞内特定的染色体组在有丝分裂中期的表型叫作染色体组型，即核型，包括染色体的数目、大小、形态、着丝点的位置、副缢痕的有无和位置、随体的有无等。按照一定的方法制得染色体标本片后，经过显微镜照相、放大和洗印可获得染色体的照片。通过对染色体照片的分析，对细胞内的染色体进行分组，并对组内各染色体的形态特征进行观测和描述，从而阐明生物的染色体组成，确定其染色体组型，为细胞遗传学、分类学、进化遗传学和遗传育种学等方面的研究提供客观根据和实验依据。

三、实验材料

洋葱（*Allium cepa*，$2n=16$）、黑麦（*Secale cereale*，$2n=14$）、大麦（*Hordeum vulgare*，$2n=14$）、玉米（*Zea mays*，$2n=20$）的染色体中期照片。

四、实验用品

剪刀、铅笔、直尺、胶水、坐标纸等。

五、实验步骤

1. 测量染色体的长度

1）每条染色体长臂和短臂的绝对长度。

2）染色体长臂和短臂的总长度。

2. 计算

（1）绝对长度

$$\text{某染色体（或臂）的绝对长度}=\frac{\text{某染色体（或臂）的照片长度}}{\text{放大倍数}}$$

（2）相对长度

$$\text{某染色体（或臂）的相对长度}=\frac{\text{某染色体（或臂）的长度}}{\text{染色体组内全部染色体的总长度}}$$

（3）臂比

$$\text{臂比}=\frac{\text{同一染色体长臂长度}}{\text{同一染色体短臂长度}}$$

3. 剪贴 用剪刀把放大的照片上的各条染色体沿边缘剪下来，保证每条染色体的完整性。

4. 配对 首先目测配对，根据染色体的相对长度、臂比、着丝粒的位置、次缢痕的有无和位置、随体的有无和形态大小等特征，将同源染色体配对。

5. 排列 将配对的染色体按照每对同源染色体的大小从大到小排列。排列时把各对染色体的着丝粒排在一条直线上，且使短臂在上、长臂在下。对于长度相同的染色体，短臂较长的染色体排在前面。若有性染色体和超数染色体，可单独排列。随体染色体单独排列或排在最后（除了蚕豆染色体核型）。若有两对以上具有随体的染色体，则大随体染色体在前，小随体染色体在后。对于多倍体来说，异源多倍体要根据不同染色体组排列，各组内再按大小排序，每组分别计算相对长度，而同源多倍体只分析一组染色体的相对长度即可。将排列好的染色体粘贴在纸上并编号。

6. 染色体分类 根据臂比可以确定着丝点的位置，同时参考 Levan 等（1964）的命名对染色体的类型进行命名，见表 2.1。

表 2.1 着丝点的位置及染色体命名

染色体命名	着丝点的位置	臂比
M（正中部着丝点染色体）	正中部着丝点	1.00
m（近中部着丝点染色体）	中部着丝点区	1.01～1.70
sm（亚中部着丝点染色体）	近中部着丝点区	1.71～3.00
st（亚端部着丝点染色体）	近端部着丝点区	3.01～7.00
t（近端部着丝点染色体）	端部着丝点区	7.01～∞
T（端部着丝点染色体）	端部着丝点	∞

7. 绘制核型模式图 在坐标纸上按相对长度绘制模式图，横坐标为染色体编号，各条染色体依横坐标方向按编号排列；纵坐标为染色体（臂）的相对长度，“0”绘制在纵坐标的中部，与各条染色体的着丝点相对应，即为长臂和短臂的分界线，长臂在下，短臂在上。

8. 写出核型公式 根据染色体类型，将染色体核型书写成一定公式。例如，蚕豆染色体核型公式为 K（2n）＝2x＝12＝2m（SAT）＋10t。

9. 进行核型分类 参考 Stebbins 等（1971）的核型分类方法，先计算两个参数，即染色体长度比（Lt/st）和臂比＞2 的染色体的百分比，其中，染色体长度比（Lt/st）＝染色体组内最长染色体长度/最短染色体长度，臂比＞2 的染色体的百分比＝（臂比大于 2∶1 的染色体数目/染色体组所有染色体数）×100%。根据染色体的长度比和臂比特征，进行核型分类，见表 2.2。

表 2.2 按对称和不对称的核型分类

染色体长度比	臂比大于 2∶1 的染色体的比例/%			
	0.0	0.01～0.50	0.51～0.99	1.0
＜2∶1	1A	2A	3A	4A
（2∶1）～（4∶1）	1B	2B	3B	4B
＞4∶1	1C	2C	3C	4C

六、作业

1. 将测量结果填入表 2.3 中。

表 2.3 染色体的相对长度、臂比和类型

染色体编号	相对长度/%	臂比	染色体类型	备注

注：带有随体、次缢痕或其他特征的染色体在备注中注明

2. 根据结果绘制染色体核型模式图。
3. 写出染色体核型公式。
4. 判断核型类型。

实验十 植物染色体显带技术

一、实验目的

1. 学习和掌握植物染色体 C 带和 N 带显色技术及带型分析方法。
2. 了解植物染色体分带的意义。

二、实验原理

经酶解、酸、碱、盐等处理后，再经染色，植物染色体可清楚地显示出多条深浅、宽窄不同的带纹。每条染色体上带纹的数目、部位、宽窄和深浅相对稳定，为鉴别染色体的形态提供依据。另外，染色体带型在研究染色体成分、结构、行为和功能等方面也有着十分重要的意义，并已应用于医疗诊断、植物育种等方面。

植物染色体显带技术包括荧光分带和吉姆萨（Giemsa）分带两大类。在植物染色体显带上最常用的是 Giemsa 分带技术，其中 C 带和 N 带较为常用。C 带的形成认为是染色体经变性、复性和 Giemsa 染色后，异染色质呈现深色，而常染色质呈现浅色。N 带是用硝酸银（$AgNO_3$）将具有转录活性的核仁形成区（rRNA 基因）特异性地染成黑色。

三、实验材料

蚕豆（*Vicia faba*，$2n=12$）和黑麦（*Secale cereale*，$2n=14$）的根尖白片，标本片的制备参考“实验二压片法制备染色体标本片”部分。

四、实验用品

1. 仪器用具 生物显微镜、超低温冰箱、恒温水浴锅、电子天平、烧杯、染色缸、镊子、滤纸、铅笔等。

2. 药品试剂 1mol/L NaH_2PO_4溶液、Giemsa 母液、5% $Ba(OH)_2$饱和液、2×SSC 溶液、磷酸缓冲液等。

3. 试剂配制

1）Giemsa 母液：称取 0.5g Giemsa 干粉，量取 33mL 甘油。先将 Giemsa 干粉倒入一研钵内，加入少量甘油，研磨 30min 以上，至无颗粒存在为止，再将全部甘油倒入，于 56℃恒温 2h，然后加入 33mL 甲醇，混匀后过滤于棕色瓶中。

2）5% $Ba(OH)_2$饱和液：将 5g $Ba(OH)_2$加入煮沸的 100mL 蒸馏水中，溶解后过滤。

3）2×SSC 溶液的配制：参考“实验十一植物染色体原位杂交”部分。

4）磷酸缓冲液：将不同体积的 0.067mol/L KH_2PO_4 和 0.067mol/L Na_2HPO_4混合，即得不同 pH 的磷酸缓冲液。

五、实验步骤

1. 脱水 冷冻白片，揭开盖玻片，用70%和90%乙醇脱水各5min，将蚕豆和黑麦的标本片在空气中干燥3～7d。

2. 显带处理

（1）C 带 将蚕豆标本片浸入新配制的 5% $Ba(OH)_2$ 饱和液中，在 18～23℃条件下处理 5min，然后将蒸馏水慢慢倒入染色缸，使 $Ba(OH)_2$ 慢慢溢出，直到 $Ba(OH)_2$ 被蒸馏水置换出来，再用蒸馏水漂洗 2 次，以彻底洗净 $Ba(OH)_2$。然后在 60℃的 2×SSC 溶液中保温 2h，再用蒸馏水冲洗 3 次，室温风干。

（2）N 带 将黑麦标本片浸入 1mol/L NaH_2PO_4 溶液中，在 95℃恒温下保温 10min，用蒸馏水冲洗 3 次，空气干燥。

3. Giemsa 染色 Giemsa 母液用磷酸缓冲液按一定的比例稀释，染色液宜现配现用，配制时应充分混匀，并静置片刻。染色液所需 pH 按表 2.4 中的比例混合而成。

表 2.4 不同 pH 染色液所要求的 Na_2HPO_4 和 KH_2PO_4 的体积比

pH	Na_2HPO_4	KH_2PO_4	pH	Na_2HPO_4	KH_2PO_4
6.0	1.4	8.6	7.0	6.1	3.9
6.2	2.0	8.0	7.2	7.0	3.0
6.4	3.0	7.0	7.4	7.8	2.2
6.6	4.0	6.0	7.6	8.5	1.5
6.8	5.0	5.0	7.8	9.1	0.9

蚕豆和黑麦标本片分别用 pH 6.8 和 pH 7.0 的 Giemsa 液染色 30min。

4. 冲洗 用蒸馏水洗去多余染料，并使其迅速干燥。

5. 镜检 在显微镜下观察，挑选出染色体带型清晰的标本片并拍照。

6. 带型分析 根据植物染色体组型分析的方法对同源染色体进行剪贴排列，绘出带型模式图，分析各染色体的带型，包括每条染色体上显示的不同带纹、带纹的宽窄和着色程度，描述各染色体的 C 带特征，绘制染色体带型示意图。

六、作业

1. 绘制蚕豆和黑麦染色体带型模式图并做出带型特点的分析描述。
2. 写出蚕豆和黑麦的带型公式。

实验十一 植物染色体原位杂交

一、实验目的

1. 学习染色体原位杂交技术的原理与方法。
2. 对小麦背景中的外源染色体或染色体片段进行鉴定。

二、实验原理

原位杂交（*in situ* hybridization，ISH）是一种可在细胞涂片、组织切片及分裂中期染色体带中检测DNA或RNA的技术，是由DNA或RNA的序列与互补的标记单链DNA/RNA探针结合形成的双链杂交分子，可对组织细胞原位的待测核酸分子进行定性、定量及定位分析。经典的原位杂交技术包括载玻片处理、组织细胞的固定、探针的制备或选购、原位杂交、洗涤及检测。其基本原理是根据核酸分子碱基互补配对的原则，将探针（标记的外源核酸片段）与染色体上经过变性后的单链DNA片段，在适宜的条件下互补配对、结合，形成专一的核酸杂交分子，再经过相应的检测手段，将待测核酸在染色体上的位置显示出来，从而确定待测核酸是否与探针序列具有同源性，达到鉴定靶核酸序列性质的目的。

原位杂交包括DNA纤维荧光原位杂交（DNA fiber-FISH）、基因组原位杂交（genomic *in situ* hybridization，GISH）、多色荧光原位杂交（mFISH）。GISH可准确快速地鉴定出导入小麦中的外源染色体，能明显观察出是异附加系、异代换系或易位系，与形态标记、生化标记相比，更加直观可靠。

用作植物DNA分子原位杂交的探针主要是外源核基因组DNA或特异DNA序列片段，用受体物种总基因组DNA作封阻。外源核基因组DNA探针可用于远缘杂交材料异源多倍体、异附加系、异代换系和易位系的鉴定。特异DNA序列片段探针常用来鉴定外源染色体或研究起源演化、检测特异DNA片段在染色体上的分布等。

三、实验材料

贵农21（普通小麦-簇毛麦的6V/6A异代换系）、簇毛麦、中国春。

四、实验用品

1. 仪器用具 荧光显微镜、超低温冰箱、载玻片、盖玻片、灭菌锅、干燥箱、电子天平、液氮罐、微量可调加液器、真空干燥箱、培养箱、电泳仪、水平电泳槽、凝胶成像系统、紫外透射仪、核酸蛋白测定仪、微波炉、电冰箱、旋涡混合仪、各种容量瓶、试剂瓶及烧杯、研钵、玻璃棒、剪刀、各种离心管、刀片、解剖针、纱布、吸水纸、标签、铅笔、染色缸、水浴锅等。

2. 药品试剂 （3-氨基丙基）三乙氧基硅烷（APES）、丙酮、冰醋酸、纤维素酶、果胶酶、液氮、三羟基甲基氨基甲烷（Tris）、乙二胺四乙酸二钠（EDTA-Na_2）、十六烷基三甲基溴化铵（CTAB）、乙酸钾、β-巯基乙醇、异丙醇、苯酚、氯仿、异戊醇、无水乙醇、盐酸、超纯水、琼脂糖、溴化乙锭（EB）、*Hin*dⅢ、*Eco*RⅠ、溴酚蓝、蔗糖、冰醋酸、DIG-HIGH Prime Cat. No. 11 585606910试剂盒、dNTP、二硫苏糖醇、去离子甲酰胺、RNase A、乙醇、柠檬酸钠、NaCl、Na_2HPO_4、NaH_2PO_4、KCl、鲑鱼精DNA（ssDNA）、$Na_3C_6H_5O_7 \cdot 2H_2O$、硫酸葡聚糖、甘油、甲酰胺、碘化丙锭（PI）、抗褪色剂、牛血清白蛋白（bovine serum albumin，BSA）、吐温20、4′,6-二脒基-2-苯基吲哚（DAPI）、十二烷基磺酸钠（SDS）、Anti-Digoxigenin-Fluorescein Fab Fragments试剂盒、卡诺（Carnoy）固定液等。

3. 试剂配制

1）1mol/L pH 8.0 Tris-HCl：称取 121.1g Tris，加入 800mL 去离子水，充分溶解，加入 42mL 浓盐酸，加去离子水定容至 1L。

2）0.5mol/L pH 8.0 EDTA-Na_2：称取 93.05g EDTA-Na_2，加约 400mL 的去离子水，在磁力搅拌器上剧烈搅拌，用 NaOH 调节溶液的 pH 至 8.0（约需 10g NaOH 颗粒），定容至 500mL，高压灭菌。

3）2% CTAB 抽提液：称取 20g CTAB、81.816g NaCl 于烧杯中，加入 40mL 0.5mol/L pH 8.0 EDTA-Na_2 和 100mL 1mol/L pH 8.0 Tris-HCl，充分溶解，加去离子水定容至 1L。

4）氯仿溶液：量取适量氯仿和异戊醇，按氯仿：异戊醇＝24：1 的体积比混匀，即氯仿溶液。不宜多配，因氯仿和异戊醇均有剧毒，配制过程应在通风橱中进行。

5）1×TAE 缓冲液（pH 8.5）：分别称取 242g Tris 和 37.2g EDTA-Na_2 置于 1L 烧杯中，加入 800mL 去离子水充分溶解，加入 57.1mL 冰醋酸，混匀，最后用去离子水将溶液定容至 1L，室温保存。使用时稀释 50 倍，即 1×TAE 缓冲液。

6）20×SSC：在 400mL 双蒸水（ddH_2O）中溶解 87.65g NaCl 和 44.10g $Na_3C_6H_5O_7 \cdot 2H_2O$，加入数滴 10mol/L 的 NaOH 溶液调 pH 至 7.0，定容至 500mL，分装后高压灭菌。

7）PBS 缓冲液：将 0.72g Na_2HPO_4、0.12g KH_2PO_4、0.10g KCl 和 4.00g NaCl 溶于双蒸水中，调 pH 至 7.3，定容至 500mL，分装后高压灭菌。

8）杂交液：量取 14μL 去离子甲酰胺、4.8μL 50%硫酸葡聚糖、3μL 探针 DNA、3μL 20×SSC、1.5μL 10μg/mL 鲑鱼精 DNA、2.7μL 封阻 DNA（中国春，300μg/mL）和 1μL 10% SDS，使总体系为 30μL，混匀后在 70℃条件下变性 10min，－20℃保存。

9）检测液：参照 Anti-Digoxigenin-Fluorescein Fab Fragments 试剂盒的说明书配制 DIG 检测液，检测剂溶于 1×PBS 缓冲液，浓度为 200μg/mL，加入牛血清白蛋白（pH＝7.4），比例为 0.5%。

10）抗淬灭剂：甘油：1×PBS＝1：1（*V*/*V*）。

五、实验步骤

（一）根尖染色体制片

1. 玻片硅化处理

1）清洗：玻片经洗衣粉水浸泡过夜，第二天用流水冲洗，再于双蒸水中煮沸 10min，65℃烘箱中烘干。

2）将预处理的玻片溶于 10%的 APES，缓冲液为无水丙酮，在 100mL 的染色缸中处理 2min。

3）双蒸水冲洗 3～5 次，无水乙醇脱水。

4）垂直放于干燥盘中，在 60℃条件下烘干过夜。

5）置于密封好的片盒中，4℃保存。

2. 根尖体细胞的获取

1）取被测试小麦种子若干于湿润条件下在 25℃培养箱中避光培养 2d。

2）取根前将温度提升至 30℃持续 30min，恢复温度后立即剪取根长为 0.8～1.5cm 的根尖。

3）根尖于 0～4℃冰水里处理 36h。

4）根尖用蒸馏水清洗，卡诺固定液固定 2～7d。

3. 酶解

1）固定好的根尖用蒸馏水洗 3 次。

2）在 25℃条件下用 0.075mol/L KCl 前低渗 10min。

3）蒸馏水洗 3 次。

4）加入 2%纤维素酶和果胶酶混合液中，在 37℃条件下处理 40min～1h 至弹击根尖脱落。

5）蒸馏水洗 3 次。

6）用 0.075mol/L KCl 在 25℃条件下后低渗 10min。

7）用蒸馏水洗 3 次，将脱落的根尖保存于蒸馏水中待用。

4. 制片　取根尖于载玻片，滴加 45%乙酸，压片。用相差显微镜镜检，保存中期分裂象较多、染色体分开好的制片，于－60℃超低温冰箱冷冻保存 30min 后脱片。去除盖玻片的制片于 70%、90%、100%的乙醇中脱水，风干保存。

（二）DNA 制备

以簇毛麦、中国春的幼嫩叶片为材料，采用 CTAB 法提取 DNA。

1）用 CTAB 抽提液 65℃预热，用无水乙醇在－20℃条件下预冷。

2）将 0.2g 幼叶用液氮磨成粉末，迅速用药匙转入 1.5mL Eppendorf 管中，管中已预加 800μL CTAB 提取液，盖严后摇匀。

3）在 65℃条件下水浴 60min，中途间隔轻柔混匀 3～4 次。

4）加入 160μL 3mol/L 乙酸钾溶液，冰上冷却 5min，摇匀后分装至两个 Eppendorf 管。

5）各加入 480μL 氯仿溶液，轻柔颠倒混匀使乳化 10min，10 000r/min 离心 10min，吸取上清液至另一支干净的 Eppendorf 管中。

6）加入与上清液约等体积的－20℃无水乙醇，颠倒混匀，会有白色絮状沉淀出现，若不能出现沉淀，则加入 1/15～1/10 上清液体积的 3mol/L 乙酸钾溶液，混匀使形成沉淀团。

7）用枪头吸住沉淀团，移入另一 Eppendorf 管中，若无法直接吸取，则于 1000r/min 离心 3min，收集沉淀 DNA。

8）用 0.5mL 75%乙醇漂洗 DNA 3 次。

9）沉淀干燥至无可见液体、刚出现半透明、无乙醇气味为止。不可过度干燥，否则会影响 DNA 的溶解性甚至导致 DNA 进一步断裂。

10）用 200μL ddH_2O 溶解沉淀。

11）在粗提的 DNA 中加入 10μg/μL 的 RNA 酶 5μL，在 60℃条件下处理 30～60min。

12）加入 200μL 氯仿溶液颠倒振荡 5min，12 000r/min 离心 10min。

13）取上清液，加入 3mol/L 乙酸钾 40μL 和 2 倍体积的预冷无水乙醇，持续颠倒 1～2min，混匀，使 DNA 沉淀析出并形成团絮状。

14）挑出 DNA 沉淀，75%乙醇洗涤 2min，至少洗 2 遍，无水乙醇洗涤 2min。

15）干燥后，用 200μL ddH_2O 溶解。

16）用快速核酸蛋白测定仪测定纯化的 DNA 的浓度和纯度，用 GeneSpec Ⅰ软件进行分析。

（三）DNA 的酶切

使用 *Hind*Ⅲ、*Eco*RⅠ酶切簇毛麦基因组 DNA，反应体系如下：将 5μL（10×Y^+ buffer）、1.5μL *Hind*Ⅲ（15U/μL）、1.5μL *Eco*RⅠ（15U/μL）、6μL 基因组 DNA 和 36μL ddH_2O 混匀，37℃恒温处理过夜。

酶切产物用含有 GoldView 染料的 1%琼脂糖凝胶电泳分离，置 FR-200A 全自动紫外与可见分析装置下观察结果，用 SmartView 软件照相。

（四）探针制备

按 DIG-HIGH Prime Cat. No. 11 585606910 试剂盒方法标记制备探针。

1）4μL 模板 DNA，加 ddH_2O 至终体积为 16μL。

2）沸水浴 10min 变性，冰浴快速冷却。

3）混合 DIG-High Prime 后，加 4μL 至体系中。

4）37℃恒温过夜。

5）加入 2μL 0.2mol/L pH 8.0 EDTA-Na_2，在 65℃条件下放置 10min 终止反应。

（五）原位杂交

1）制片于 60℃烘箱干燥过夜。

2）每片加 40μL 100μg/mL RNase A，盖上盖玻片，置 37℃保温盒 60min。

3）用 2×SSC 在 25℃条件下洗 3 次，每次 5min。

4）70%乙醇、90%乙醇、无水乙醇脱水，各 5min，风干片子。

5）用 70%甲酰胺（甲酰胺：20×SSC＝7：3）在 70℃条件下变性 2min。

6）用−20℃的 70%乙醇、90%乙醇、无水乙醇脱水各 5min，风干片子。

7）在预处理后的标本片上滴加杂交液 20μL，盖片，置 85℃保湿盒 10min 共变性；变性结束后迅速置于冰盒中冷却至室温。

8）将制片置于保湿盒中，37℃恒温杂交过夜。

9）杂交过夜的制片于 37℃的 2×SSC 中洗 10min。

10）在 37℃的 2×SSCT 中洗 8min。

11）在 25℃的 1×PBS 中洗 5min。

12）加 30μL DIG 检测液，置 37℃保湿盒中 60min（加入 DIG 检测液后的步骤均需避光）。

13）在 37℃的 2×SSC 中洗 8min。

14）在 37℃的 4×SSCT 中洗 5min。

15）在 25℃的 1×PBS 中洗 5min，风干。

16）加 30μL 10μg/mL 碘化丙锭（PI），置 37℃保湿盒保温 30min。

17）在 25℃的 2×SSC 中洗 2min，重复 1 次。

18）用 25℃的 70%乙醇、90%乙醇、无水乙醇各脱水 2min。

19）加抗淬灭剂 10μL，盖片，观察或避光低温保存。

荧光显微镜镜检（图 2.2），用 CCD 对图像进行捕捉和收集，使用相应的图像处理软件对图像进行分析处理。

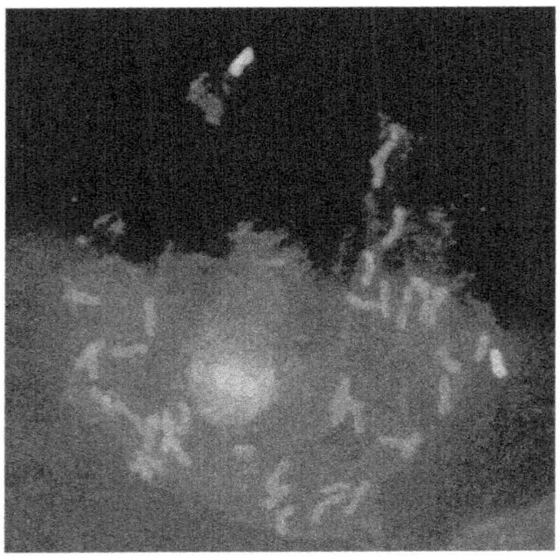

图 2.2　基因组荧光原位杂交（簇毛麦探针）

六、作业

1．植物原位杂交技术的原理是什么？

2．用于植物原位杂交的探针有几种类型？说明各自的特点。

第二篇

质量性状遗传学实验模块

第三章　质量性状遗传学实验基础知识

第一节　质量性状的遗传表现

孟德尔选用严格自花授粉的豌豆（*Pisum sativum*）作为实验植物，从中选取了许多稳定的、易于区分的性状作为观察分析的对象。这种能够明显分组、表现为不连续变异、由一对或少数几对主基因控制、不易受环境因素影响的性状，称为质量性状。

一、质量性状遗传的基本规律

孟德尔在进行豌豆杂交试验时，选用具有明显差别的 7 对相对性状（质量性状）的品种作为亲本，分别进行杂交，并按照杂交后代的系谱进行详细的记载，统计杂种后代表现出相对性状的株数，最后分析它们的比例关系。例如，豌豆的红花和白花杂交试验（图 3.1A）。孟德尔从 7 对相对性状的杂交结果看到，杂种 F_1 所有植株的性状表现都是一致的，都只表现一个亲本的性状；F_2 植株在性状表现上是不同的，一部分植株表现一个亲本的性状，其余植株则表现另一个亲本的性状，即显性性状和隐性性状同时表现出来了，这种现象叫作性状分离（character segregation）。并且，在 F_2 群体中显性个体（表现显性性状的个体）与隐性个体（表现隐性性状的个体）的分离比例大致是 3∶1。孟德尔认为，出现这样的结果主要是由于一对遗传因子（基因）决定一对相对性状，每个植株内有一对遗传因子控制性状表现，其中遗传因子在体细胞内是成对存在的，在性细胞中单独存在；在形成配子时，每对遗传因子均等地分配到配子中，结果每个配子（花粉或卵细胞）中只含有成对遗传因子中的一个，配子的结合（形成一个新个体或合子）是随机的（图 3.1B）。

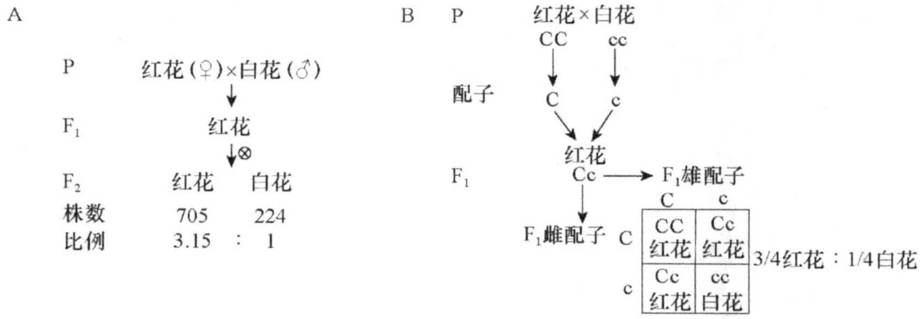

图 3.1　豌豆花色的遗传表现（A）与解释（B）

孟德尔在分别研究了豌豆的 7 对相对性状的遗传表现之后，提出了性状遗传的分离定律。在孟德尔的豌豆杂交试验中，他进一步研究了两对和两对以上相对性状之间的遗传关系，从而提出了独立分配定律，又称自由组合定律。当控制这两对相对性状的等位基因，分别位于不同的同源染色体上，在减数分裂形成配子时，每对同源染色体上的每对等位基因发生分离，而位于非同源染色体上的基因可以自由组合，在两对基因控制两对相对性状遗传时，其杂种 F_1 每对性状仍然只表现亲本之一的性状，但是在 F_2 中，除了有两种表现型和亲本相同外，另外两种表现型为亲本性状的重新组合，而且存在一定的比例关系（9∶3∶3∶1），见图 3.2。为什么会出现 9∶3∶3∶1 的分离比例呢？主要原因在于，控制不同相对性状的等位基因在配子形成过程中，一对等位基因与另一对等位基因的分离和组合是互不干扰、各自独立地分配到配子中去的，其解释如图 3.3 所示。

P　黄色、圆粒×绿色、皱粒

↓

F_1　黄色、圆粒

↓⊗

F_2	黄色、圆粒	黄色、皱粒	绿色、圆粒	绿色、皱粒	总数
实得种子粒数	315	101	108	32	556
理论比例	9 :	3 :	3 :	1	16

图 3.2　豌豆两对相对性状的杂交试验（黄色子叶、圆粒×绿色子叶、皱粒）

性状连锁遗传现象是贝特森（W. Bateson）和庞尼特（R. C. Punnett）于 1906 年在香豌豆的两对相对性状杂交试验中首次发现的。但是，摩尔根以果蝇为实验材料对此开展了深入细致的研究，最后确认所谓不符合独立遗传定律的一些例证，实际上不属于独立遗传，而属于另一类遗传，即连锁（linkage）遗传。于是，继孟德尔揭示的两条遗传定律之后，连锁遗传定律成为遗传学中的第三条遗传定律。以贝特森的香豌豆杂交试验为例（图 3.4），结果表明：F_2 虽然与独立遗传一样也出现 4 种表现型，但是它们不符合 9∶3∶3∶1 的分离比例，它们的实际个体数与独立遗传的 9∶3∶3∶1 理论数相差很大。其中，亲本组合性状（紫、长和红、圆）的实际数多于理论数，而重新组合性状（紫、圆和红、长）的实际数却少于理论数。总之，与独立遗传相比，在 F_2 表现型中，亲本组合的实际数偏多，而重新组合的实际数偏少。为同一亲本所具有的两个性状，在 F_2 中常常有联系在一起遗传的倾向，这种现象称为连锁遗传。造成这种现象的原因在于，杂种 F_1 形成

P　黄、圆 YYRR × 绿、皱 yyrr

配子　YR　yr

F_1　黄、圆 YyRr

↓

F_2

♀ \ ♂	YR	Yr	yR	yr
YR	YYRR 黄圆	YYRr 黄圆	YyRR 黄圆	YyRr 黄圆
Yr	YYRr 黄圆	YYrr 黄皱	YyRr 黄圆	Yyrr 黄皱
yR	YyRR 黄圆	YyRr 黄圆	yyRR 绿圆	yyRr 绿圆
yr	YyRr 黄圆	Yyrr 黄皱	yyRr 绿圆	yyrr 绿皱

图 3.3　豌豆黄色子叶、圆粒×绿色子叶、皱粒的 F_2 分离图解

P　紫花、长花粉粒×红花、圆花粉粒

PPLL　ppll

↓

F_1　紫花、长花粉粒

PpLl

↓⊗

F_2	紫、长 P_L_	紫、圆 P_ll	红、长 ppL_	红、圆 ppll	总数
实际个体数	4831	390	393	1338	6952
按9∶3∶3∶1推算的理论数	3910.5	1303.5	1303.5	434.5	6952

图 3.4　香豌豆两对相对性状的连锁遗传

的 4 种类型的配子数目不相等，其中亲本型配子大于 50%，重组型配子小于 50%。

二、影响质量性状遗传比数的主要因素

自 1900 年孟德尔遗传定律被重新发现的 100 多年来，3∶1、1∶1、9∶3∶3∶1 等遗传比数已经成为典型的孟德尔遗传比数为大家所熟知。但是，随着对性状遗传规律的理解及研究的深入，人们发现很多遗传现象不再等同于典型的孟德尔遗传表现，除了连锁遗传外，还有一些因素同样影响着性状的遗传表现，主要包括以下几方面。

1. 染色体的倍性 在孟德尔遗传定律和连锁遗传定律中，研究对象主要为二倍体，即每对基因只有两个成员，3 种基因型。而三倍体、四倍体等多倍体生物则有 3 个或 4 个成员，其性状的遗传表现就将不同。以一对基因（A，a）为例，同源四倍体的遗传组成可为 AAAA、AAAa、aaaa 和 AAaa 等，杂合体 AAaa 在后期 2/2 分离方式为主的前提下，其形成的配子及其比数为 AA∶Aa∶aa＝1∶4∶1，在完全显性时，显性性状和隐性性状的比例为 35∶1。

2. 显性性状的表现 孟德尔在豌豆杂交试验中选取的 7 对相对性状，F_1 所表现的性状都和亲本之一完全一样，这样的显性表现称为完全显性。分离定律和自由组合定律所涉及的性状多为此种类型。除此之外，还有不完全显性和共显性两种类型，其中不完全显性杂种 F_1 的性状表现是双亲性状的中间型，共显性是指双亲的性状同时在 F_1 个体上表现出来。这两种类型的基因型和表型的分离比是一致的。例如，紫茉莉（*Mirabilis jalapa*）花色的遗传，红花亲本（RR）和白花亲本（rr）杂交，F_1（Rr）的花色不是红色，而是粉红色。F_2 群体的基因型分离为 1RR∶2Rr∶1rr，即其中 1/4 的植株开红花，2/4 的植株开粉红花，1/4 的植株开白花。又如，人类的 MN 血型系统，MN 型血的人是杂合子（LMLN），细胞中既有 M 型抗原，又有 N 型抗原，LM 和 LN 基因同时表达。前者为不完全显性，后者为共显性。

3. 复等位基因 复等位基因（multiple alleles）是指在同源染色体的相同位点上，存在 3 个或 3 个以上的等位基因。复等位基因在生物中广泛存在。例如，人类的 ABO 血型遗传就是复等位基因遗传现象的典型例子。人类的 ABO 血型有 A、B、AB 和 O 4 种表现型，这 4 种表现型是由 3 个复等位基因决定的，这 3 个复等位基因分别是 I^A、I^B 和 I^O。I^A 与 I^B 之间表现共显性（无显隐性关系），而 I^A 和 I^B 对 I^O 都是显性，所以这 3 个复等位基因组成 6 种基因型，但表现型只有 4 种。

4. 选择 在经典的遗传研究中，要求 F_1 个体不同类型配子在形成过程中及配子参与受精时，各雌雄配子都没有选择行为，同时不同基因型的合子及由合子发育的个体具有相同或大致相同的存活率。如果具有选择行为，遗传表现将受到影响，如致死基因。

5. 基因间互作 两对等位基因自由组合却不一定会出现 9∶3∶3∶1 的分离比例，研究表明这是由于不同对基因间相互作用的结果，这种现象称为基因间互作（interaction of genes）。以两对基因为例，基因间互作主要包含 6 种形式：互补作用、积加作用、重叠作用、显性上位作用、隐性上位作用和抑制作用，其表现比例如图 3.5 所示。例如，互补作用 F_2 性状比为 9∶7，积加作用 F_2 性状比为 9∶6∶1 等。

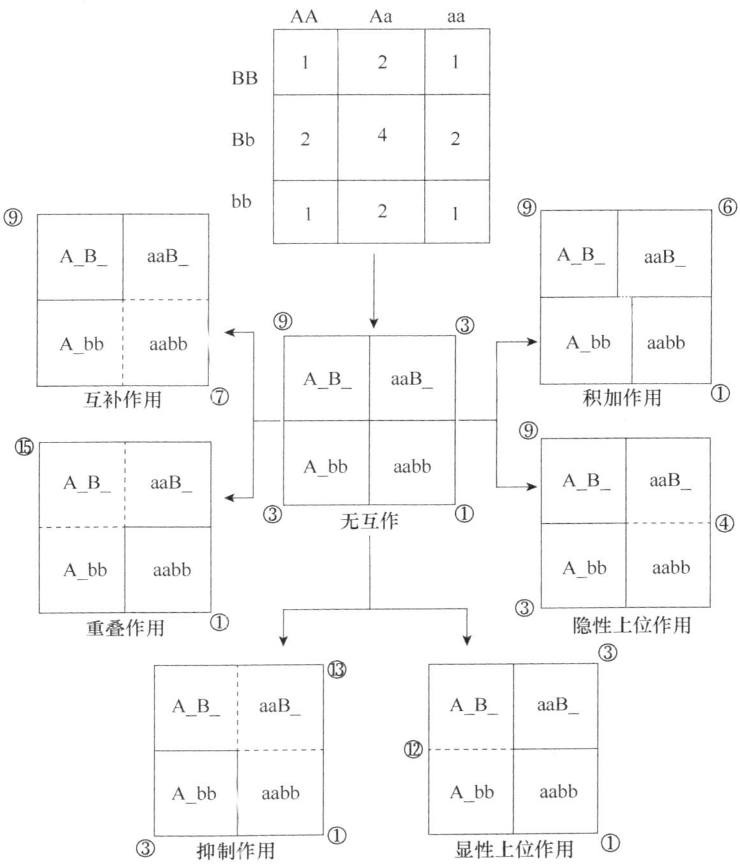

图 3.5　两对基因互作模式图

方格中的虚线表示合并的表现型；圆圈中的数字表示各种比例数字

6. 其他　另外，杂种后代需要处于相对一致的条件下，而且实验分析的群体比较大。同时，在连锁遗传定律交换值的计算中，交换值还受到性别、基因所处的位置（离着丝点远近）、温度、染色体畸变、年龄等因素的影响。

第二节　质量性状的一般分析方法

一、质量性状分析群体的构建方法

自从孟德尔遗传定律被重新发现后，系谱法就成为经典遗传学分析的主要方法，杂交、自交、测交和回交成为构建遗传群体的主要手段。质量性状属于非连续性变异，其杂种后代易于区分。因此根据研究目的不同，构建的群体方式也不同。

质量性状多属于核基因所控制的遗传性状，符合核遗传的特点，一般正反交结果相同。因此，针对涉及的质量性状，在不知道是否单纯由核基因控制的情况下，应该先考虑配置正反交实验群体，看正反交结果是否一致。在亲本的选择上，要求亲本基因型纯合，性状差异明显，按照实验目的选择合适的亲本进行杂交。例如，孟德尔在豌豆杂交试验中选取的 7 对相对性状，其亲本间差异明显，因此通过正反交实验结果排除了细胞质基因的影响。

通过杂种 F_1 的表现可以初步判断所研究性状的显隐性关系，通过杂种自交（或者兄妹交）后代 F_2 性状的表现，可以推导出控制某相对性状的基因对数（即杂种 F_1 杂合基因的对数）。如果 F_2 出现 3∶1 的比例，我们可以推导出控制该相对性状的基因在杂种 F_1 只有 1 对杂合基因；如果 F_2 的比例为 9∶3∶3∶1、9∶7 或 15∶1 等，可以认为杂种 F_1 有 2 对杂合基因。

测交和回交应用在不同的实验和研究中。测交主要是指将需要检测的个体与隐性纯合基因型个体杂交，通过杂交后代的表现推测被测验个体产生的配子种类和比例。例如，孟德尔在豌豆花色遗传中，通过杂种 F_1（Cc）和白花亲本（cc）杂交，后代红花∶白花＝1∶1 推导出杂种 F_1（Cc）产生两种类型的配子，配子比例为 1∶1。在连锁遗传定律的解释中，认为亲本型配子多于重组型配子，通过测交试验就可以验证解释是否正确。回交是指杂种后代（或后代群体）和亲本之一杂交，其主要目的是让后代群体的遗传组成更多具有参与回交亲本的遗传组成，如近等基因系群体、高回交世代群体、代换系群体构建。其中，参与回交的亲本称为轮回亲本，没有参与回交的亲本称为非轮回亲本。回交和测交是不同的，根据研究目的不同，可分别选择用测交或回交构建后代群体。

二、遗传数据的统计与分析

1. 孟德尔遗传比数的检验（χ^2 检验） 在遗传学实验中，由于种种因素的干扰，实际获得的各项数值与理论上按概率估算的期望数值常具有一定的偏差。一般来说，如果对实验条件严加控制，而且实验群体较大，实验结果的实际数值就会接近预期的理论数值。如果两者之间出现偏差，究竟是属于实验误差，还是真实的差异，这通常可用 χ^2 测验进行判断。

对于计数资料，通常先计算衡量差异大小的统计量 χ^2，根据 χ^2 值查知误差布表概率的大小，从而可以判断偏差的性质，这种检验方法叫作 χ^2 测验。χ^2 检验的公式为：$\chi^2=\sum\frac{(O-E)^2}{E}$，其中 O 为观察值，E 为理论值，$\sum$ 为积加，是指许多比值的总和，χ^2 值为平均平方偏差的总和。例如，两对相对性状（黄色子叶和绿色子叶，圆粒和皱粒）的杂合体自交所得的数据见表 3.1，通过数据观察，初步判定其可能符合的比例为 9∶3∶3∶1；然后根据比例计算理论值（E），根据公式计算 χ^2 值（表 3.1）；有了 χ^2 值，再根据自由度（用 df 表示，df＝$k-1$，k 为类型数）就可以查出 P 值（表 3.2）。P 值指当原假设为真时所得到的样本观察结果或更极端结果出现的概率。如果 P 大于 0.05，则表示实测值和预期值差异不显著。在表 3.1 中，$\chi^2=0.47$，自由度为 3，查表 3.2 得知 P 为 0.90～0.99，说明实际值与理论值差异发生的概率在 90%以上，因而样本的表现型比例符合 9∶3∶3∶1。需要指出的是，在遗传学实验中 P 值常以 5%（0.05）为标准，$P>0.05$ 说明“差异不显著”；$P<0.05$ 说明“差异显著”；$P<0.01$ 说明“差异极显著”。另外，自由度为 1 时，需对 χ^2 做连续性矫正，此时 χ^2 检验的公式为 $\chi^2=\sum\frac{(|O-E|-0.5)^2}{E}$。$\chi^2$ 检验不但适合于自交，同样也适合于回交、测交和连锁的分析。

表 3.1 两对性状的杂种自交结果测验

	黄、圆	绿、圆	黄、皱	绿、皱
观察值（O）	315	108	101	32
理论值（E）	312.75	104.25	104.25	34.75
$O-E$	2.25	3.75	−3.25	−2.75
$(O-E)^2$	5.06	14.06	10.56	7.56
$\frac{(O-E)^2}{E}$	0.016	0.135	0.101	0.218
$\chi^2=\sum\frac{(O-E)^2}{E}$	$\chi^2=0.016+0.135+0.101+0.218=0.47$			

表 3.2 χ^2表

df	P										
	0.99	0.95	0.90	0.80	0.70	0.50	0.30	0.20	0.10	0.05	0.01
1	0.000 16	0.04	0.016	0.064	0.148	0.455	1.074	1.642	2.706	3.841	6.635
2	0.020 1	0.103	0.211	0.446	0.713	1.386	2.408	3.219	4.605	5.991	9.210
3	0.115	0.352	0.584	1.005	1.424	2.366	3.665	4.642	6.251	7.815	11.345
4	0.297	0.711	1.064	1.649	2.195	3.357	4.878	5.989	7.779	9.488	13.277
5	0.554	1.145	1.610	2.343	3.000	4.351	6.064	7.269	9.236	11.070	15.086
6	0.872	1.635	2.204	3.070	3.828	5.345	7.231	8.588	10.645	12.592	16.812
7	1.239	2.167	2.833	3.822	4.671	6.346	8.783	9.803	12.017	14.067	18.475
8	1.646	2.733	3.490	4.594	5.527	7.344	9.524	11.030	13.362	15.507	20.090
9	2.088	3.325	4.168	5.380	6.393	8.343	10.656	12.242	14.684	16.919	21.666
10	2.588	3.940	4.865	6.179	7.627	9.342	11.781	13.442	15.987	18.307	23.209

χ^2测验法不能用于百分比。如果遇到百分比，应根据总数把它们化成频数，然后计算差数。例如，在一个实验中得到雌果蝇有 44%，雄果蝇有 56%，总数是 50 只，现在要测验一下这个实际数值与理论数值是否相符，这就需要首先根据总数把百分比化成频数，即 50×44%=22 只，50×56%=28 只，然后按照χ^2测验公式求χ^2值。同时，为了减少实验误差，最好在实验中设置重复。

2. 基因定位和连锁遗传作图 基因在染色体上各有一定的位置，基因定位就是确定基因在染色体上的位置。确定基因的位置主要是确定基因之间的距离和顺序，而它们之间的距离是用交换值来表示的。交换值是指两个基因之间发生重组的频率，通常用交换型配子占总配子的百分比来表示。虽然交换值受到性别、温度、基因所处的位置、染色体畸变等因素影响，但其相对恒定。因其大小与基因间的距离相关，所以通常以 1%的交换值作为一个相对遗传距离单位。只要准确地估算出交换值，并确定基因在染色体上的相对位置就可以把它们标注在染色体上，绘制成图，称为连锁遗传图（genetic map）。两点测验和三点测验是基因定位所采用的主要方法。

1）两点测验（two-point test cross）是基因定位最基本的一种方法，它首先通过一次杂交和一次用隐性亲本测交来确定两对基因是否是连锁遗传，然后再根据其交换值来确定它们在同一染色体上的位置。例如，为了确定 Aa、Bb 和 Cc 三对基因在染色体上的相对位置，采用两点测验的具体方法是：通过一次杂交和一次测交求出 Aa 和 Bb 两对基因的交换值，根据交换值来确定它们是否是连锁遗传；再通过一次杂交和一次测交，求出 Bb 和 Cc 两对基因的交换值，根据交换值来确定它们是否是连锁遗传；又通过同样的方法和步骤来确定 Aa 和 Cc 两对基因是否是连锁遗传；倘若通过这三次实验，确认 Aa 和 Bb 是连锁遗传，Bb 和 Cc 也是连锁遗传，Aa 和 Cc 还是连锁遗传，这就说明这三对基因都是连锁遗传。于是可以根据三个交换值的大小，进一步确定这三对基因在染色体上的位置。

例如，已知玉米籽粒的有色（C）对无色（c）为显性，饱满（Sh）对凹陷（sh）为显性，非糯性（Wx）对糯性（wx）为显性。为了明确这三对基因是否是连锁遗传，曾分别进行了以下三个实验。

第一个实验是用有色、饱满的纯种玉米（CCShSh）与无色、凹陷的纯种玉米（ccshsh）进行杂交，再使 F_1（CcShsh）与无色、凹陷的双隐性纯合体（ccshsh）进行测交。第二个实验是用糯性而饱满的纯种玉米（wxwxShSh）与非糯性而凹陷的纯种玉米（WxWxshsh）进行杂交，再使 F_1（WxwxShsh）与糯性、凹陷的双隐性纯合体（wxwxshsh）进行测交。第三个实验是用非糯性、有色的纯种玉米（WxWxCC）与糯性、无色的纯种玉米（wxwxcc）进行杂交，再使 F_1（WxwxCc）与糯性、无色的双隐性纯合体（wxwxcc）进行测交。这三个试验的结果见表 3.3。

表 3.3　玉米两点测验的 3 个测交结果

试验类别	亲本和后代	表现型及基因型：种类	表现型及基因型：亲本组合或重新组合	种子粒数
相引组试验	P_1	有色、饱满（CCShSh）		
	P_2	无色、凹陷（ccshsh）		
	测交后代	有色、饱满（CcShsh）	亲	4032
		无色、饱满（ccShsh）	新	152
		有色、凹陷（Ccshsh）	新	149
		无色、凹陷（ccshsh）	亲	4035
相斥组试验	P_1	糯性、饱满（wxwxShSh）		
	P_2	非糯性、凹陷（WxWxshsh）		
	测交后代	非糯性、饱满（WxwxShsh）	新	1531
		非糯性、凹陷（Wxwxshsh）	亲	5885
		糯性、饱满（wxwxShsh）	亲	5991
		糯性、凹陷（wxwxshsh）	新	1488
相引组试验	P_1	非糯性、有色（WxWxCC）		
	P_2	糯性、无色（wxwxcc）		
	测交后代	非糯性、有色（WxwxCc）	亲	2542
		非糯性、无色（Wxwxcc）	新	739
		糯性、有色（wxwxCc）	新	717
		糯性、无色（wxwxcc）	亲	2716

在第一个实验中，Cc 和 Shsh 的交换值为 $[(152+149)/(4032+4035+152+149)]\times 100\%=3.6\%$。

在第二个实验中，Wxwx 和 Shsh 的交换值为 [（1531＋1488）/（5885＋5991＋1531＋

1488)]×100%=20%。

第三个实验中，Wxwx 和 Cc 的交换值为[(739+717)/(2542+2716+739+717)]×100%=22%。

在确定基因排列顺序时，交换值最大的两个基因排列在两端，另外一个基因在中间，因此其排列顺序为：Wx Sh C，其遗传图谱为

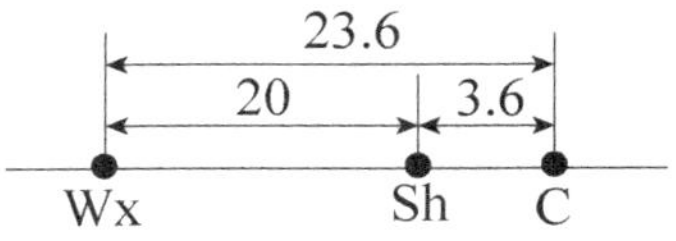

这样就把这三对基因的相对位置初步确定下来了。用同样的方法和步骤，还可以把第 4 对、第 5 对及其他各对基因的连锁关系和位置确定下来。不过，如果两对连锁基因之间的距离超过 5 个遗传单位，两点测验法便不如三点测验法的准确性高了。另外，两点测验必须分别进行三次杂交和三次测交，工作烦琐。以上这些都是两点测验法的缺点。

2）三点测验（three-point test cross）是基因定位最常用的方法，它是通过一次杂交和一次用隐性亲本测交，同时确定三对基因在染色体上的位置。采用三点测验可以达到两个目的：一是纠正两点测验的缺点，使估算的交换值更加准确；二是通过一次实验同时确定三对连锁基因的位置。

现仍以玉米 Cc、Shsh 和 Wxwx 三对基因为例，说明三点测验法的具体步骤。实验过程和结果如图 3.6 所示。为了便于说明，以"+"号代表各显性基因，其对应的隐性基因仍分别以 c、sh 和 wx 表示。

P　　凹陷、非糯性、有色×饱满、糯性、无色

　　shsh　++　++ ↓ ++　wxwx　cc

测交F_1　　饱满、非糯性、有色×凹陷、糯性、无色

　　+sh　+wx　+c　shsh　wxwx　cc

测交后代的表现型	据测交后代的表现型推知的F_1配子种类	粒数	交换类型
饱满、糯性、无色	+ wx c	2708	亲型
凹陷、非糯性、无色	sh + +	2538	
饱满、非糯性、无色	+ + c	626	单交换
凹陷、糯性、有色	sh wx +	601	
凹陷、非糯性、无色	sh + c	113	单交换
饱满、糯性、有色	+ wx +	116	
饱满、非糯性、有色	+ + +	4	双交换
凹陷、糯性、无色	sh wx c	2	
总数		6708	

图 3.6　玉米三点测验及其测交结果

根据实验结果，首先看出这三对基因不是独立遗传的，即不是分别位于非同源的三对染色体上。因为如果是独立遗传，测交后代的 8 种表现型的比例就应该彼此相等，而现在的比例相差很远。其次也可看出这三对基因不是两对连锁在一对同源染色体上，一对位于另一对染色体上。因为如果是这样，测交后代的 8 种表现型就应该每 4 种表现型的比例一样，总共只有两类比例值，而现在也不是这样。现在测交后代的遗传比例是，每两种表现

型一样，总共有 4 类不同的比例值，这正是三对基因连锁在一对同源染色体上的特征。

继而，判断它们在染色体上排列的顺序。在测交后代群体内，双交换表现型的个体数应该最少，亲本型的个体数应该最多。利用三点测验来确定连锁的三个基因在染色体上的顺序时，首先要在 Ft 中找出双交换类型（即个体数最少的），然后以亲本类型（即个体数最多的）为对照，比较亲本型配子和双交换型配子，如图 3.6 中 sh++（亲）和+++（双），二者不同的基因为中间基因，一旦确定中间基因，就确定了三个连锁基因的排列顺序：wx sh c。

当三对基因在染色体上的顺序已经排定后，就可以进一步估算交换值，以确定它们之间的距离和连锁基因作图。由于每个双交换都包括两个单交换，所以在估算两个单交换值时，应该分别加上双交换值，才能正确地反映实际发生的单交换频率。在图 3.6 列出的实验结果中：

$$\text{双交换值}=\frac{4+2}{6708}\times 100\%=0.09\%$$

$$\text{wx 和 sh 间的单交换值}=\frac{601+626}{6708}\times 100\%+0.09\%=18.4\%$$

$$\text{sh 和 c 间的单交换值}=\frac{116+113}{6708}\times 100\%+0.09\%=3.5\%$$

这样，三对基因在染色体上的位置和距离就可以确定了，图示如下。

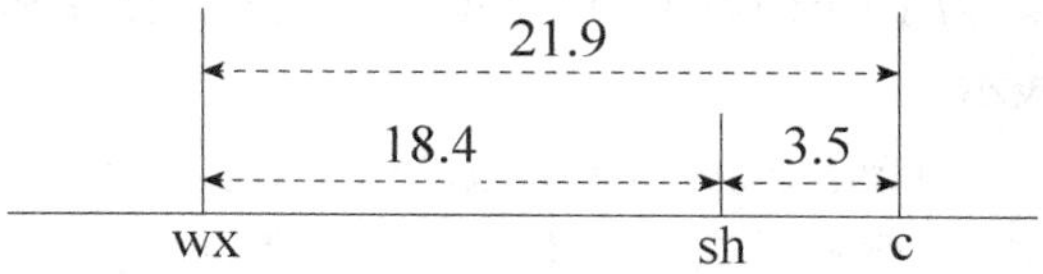

一个单交换的发生是否会影响到另一个单交换的发生？影响程度如何？对于受到影响（干扰）的程度，通常用符合系数或称并发系数（coefficient of coincidence）来表示。符合系数$=\dfrac{\text{实际双交换值}}{\text{理论双交换值}}$，依此公式，上例的符合系数$=\dfrac{0.09}{0.64}=0.14$。符合系数经常变动于 0～1。当符合系数为 1 时，表示两个单交换独立发生，完全没有受干扰；当符合系数为 0 时，表示发生完全的干扰，即一位点发生交换，其邻近一位点就不会发生交换。上例的符合系数是 0.14，很接近 0，这说明两个单交换的发生受到相当严重的干扰。

3）通过两点测验或三点测验，就可将一对同源染色体上各个基因的位置确定下来，绘制成图，称为连锁遗传图，又称为遗传图谱。存在于同一染色体上的基因群，称为连锁群（linkage group）。一种生物连锁群的数目与染色体的对数是一致的。换句话说，有 n 对染色体就有 n 个连锁群。例如，玉米的染色体对数是 $n=10$，所以有 10 个连锁群；雌果蝇的染色体对数是 $n=4$，所以有 4 个连锁群。如果因为现有资料积累得不多，还不足以把全部连锁群绘制出来，此时连锁群的数目会暂时少于染色体对数。连锁群的数目一般不会超过染色体的对数，但有些动物的成对性染色体可能有两个不同的连锁群。绘制连锁遗传图时，要以先端的基因点当作 0，依次向下排列。以后发现新的连锁基因，再补充定出位置。如果新发现的基因位置在先端基因的外端，那就应该把 0 点让位给新的基因，其余基因的位置要作相应的变动。现将玉米连锁遗传图中的部分基因表示于图 3.7。从图 3.7 中可以看到，交换值应该小于 50%，但图 3.7 中标志基因之间距离的数字却有超过 50 的。这是因为这些数字是从染色体先端一个基因为 0 点依次累加而成的。因此在应用连锁遗传图决定基因之间的距离时，以靠近的两个基因之间的差值较为准确。

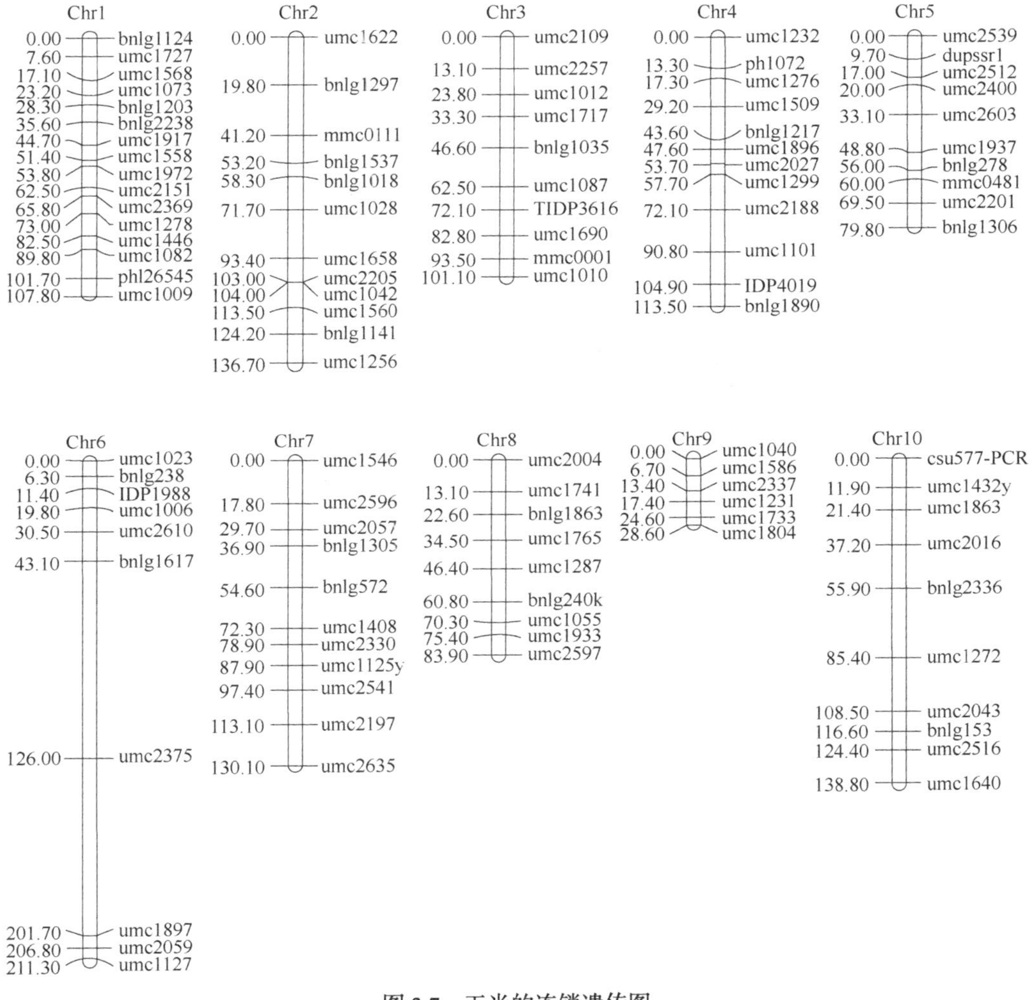

图 3.7　玉米的连锁遗传图

第四章　质量性状遗传学实验技术

实验十二　一对及两对相对性状的遗传分析

一、实验目的

1．通过玉米籽粒性状的研究，掌握统计分析方法在遗传分析中的运用。

2．验证和加深对分离定律和自由组合定律的理解。

二、实验原理

玉米的籽粒颜色即胚乳淀粉层颜色。玉米胚乳的两对相对性状非甜粒（SU）和甜粒（su）、淀粉黄色（Y）和白色（y），分别由位于两对非同源染色体上的两对等位基因控制。非甜粒（SU）对甜粒（su）为完全显性，位于第六染色体上；黄色（Y）对白色（y）为完全显性，位于第九染色体上。当一对性状的纯合亲本非甜粒（SUSU）和甜粒（susu）、黄色（YY）和白色（yy）杂交产生 F_1 时，其自交果穗产生两种表型，分离比例为 3∶1。当两对性状的纯合亲本黄色非甜粒（YYSuSu）和白色甜粒（yysusu）杂交产生的 F_1 植株，在形成配子时自由组合，F_2 则产生 4 种表型，分离比例为 9∶3∶3∶1。

本实验中，将具有不同相对性状胚乳的玉米自交系杂交，F_1 自交，则 F_2 出现各种籽粒的表型，对这些籽粒进行统计分析，以验证孟德尔的两大遗传定律。

三、实验材料

玉米（*Zea mays*，$2n=20$）籽粒胚乳非甜粒、黄色与胚乳甜粒、白色杂交 F_1 的自交果穗。

四、实验用品

手持计数器、白纸、铅笔等。

五、实验步骤

1．一对遗传性状的分析

1）取黄色非甜粒（YySusu）玉米的自交果穗，统计并记录黄色和白色、非甜粒和甜粒的籽粒数。每人至少统计 5 个果穗，每组 6 个人至少统计 30 个果穗，将每组统计的结果填入表 4.1 中。

2）对统计结果进行 χ^2 测验。

$$\chi^2=\sum\frac{\left(|O-E|-0.5\right)^2}{E}$$

根据相应的自由度（$n=1$），查 χ^2 值表，得到 P 值。若 $P>0.05$，表明观察结果与理论值相符合，差异不显著；若 $P<0.05$，则表明观察结果和理论值不相符合，差异达到显著水平。

2. 两对独立遗传性状的分析

1）取黄色非甜粒（YySusu）玉米的自交果穗，统计并记录黄色非甜粒、白色非甜粒、黄色甜粒和白色甜粒的籽粒数，将每组统计的结果填入表 4.2 中。

2）对统计结果进行 χ^2 测验，统计方法同一对遗传性状。

$$\chi^2=\sum\frac{(O-E)^2}{E}$$

六、作业

1．将一对遗传性状的分析结果填入表 4.1 中，并说明实际观察结果与理论推断是否符合，若不符合请解释原因。

表 4.1　一对遗传性状的分析

果穗		项目				
		观察值（O）	理论值（E）	$\frac{(\lvert O-E\rvert-0.5)^2}{E}$	$\chi^2=\sum\frac{(\lvert O-E\rvert-0.5)^2}{E}$	P
自交果穗 F_2	黄色					
	白色					
	非甜粒					
	甜粒					

2．将两对独立遗传性状的分析结果填入表 4.2 中，并做适当说明。

表 4.2　两对独立遗传性状的分析

果穗		项目				
		观察值（O）	理论值（E）	$\frac{(O-E)^2}{E}$	$\chi^2=\sum\frac{(O-E)^2}{E}$	P
自交果穗 F_2	黄色非甜粒					
	白色非甜粒					
	黄色甜粒					
	白色甜粒					

实验十三　果蝇的伴性遗传分析

一、实验目的

1．正确认识伴性遗传正反交的差别。

2．掌握果蝇的杂交技术，记录交配结果，学会统计处理方法。

二、实验原理

果蝇容易饲养、生活周期短，其生活史包括卵、幼虫、蛹和成虫。最适生活温度是20～25℃。一个受精的雌果蝇可产卵400～500粒，卵经过2次蜕皮成三龄幼虫，幼虫化蛹并羽化为成虫。野生成虫有一对红色复眼、三对步足、一对翅膀和一对平衡棒，身体呈短粗圆形，双翅展开，体色为灰褐色，可存活26～33d。突变性状一般都可用肉眼鉴定，常用的果蝇突变品系有白眼、棒眼、黑体、黄体、残翅和卷曲翅等。

生物体某些性状的遗传与性别联系在一起，这种现象称为伴性遗传。果蝇的红眼与白眼是由位于X染色体上的w基因调控的一对相对性状，Y染色体上没有与之相对应的等位基因，红眼对白眼是显性。将红眼果蝇与白眼果蝇进行杂交，其后代眼色的表现与性别有关，且正反交结果不同（图4.1）。

正交组合	反交组合
A：$[X^+/X^+]$♀×$[X^WY]$♂	B：$[X^W/X^W]$♀×$[X^+Y]$♂
F_1：$[X^+/X^W]$♀×$[X^+Y]$♂	F_1：$[X^+/X^W]$♀×$[X^WY]$♂
F_2：$[X^+/X^+$、$X^+/X^W]$♀和$[X^+Y$、$X^WY]$♂	F_2：$[X^W/X^W$、$X^+/X^W]$♀和$[X^+Y$、$X^WY]$♂
红眼：白眼=3：1	红眼：白眼=1：1

图4.1　果蝇交配方式

三、实验材料

红眼野生型和白眼突变型果蝇（*Drosophila melanogaster*，$2n=8$）。

四、实验用品

1．仪器用具　恒温培养箱、高压灭菌锅、解剖镜、生物显微镜、麻醉瓶、培养瓶、解剖针、毛笔、白纸、脱脂棉、吸管等。

2．药品和培养基　无水乙醚、玉米粉饲料等。

3．培养基配制　玉米粉饲料（150mL）：取应加量一半的水（75mL），加入1.5g琼脂粉，煮沸充分溶解，加入13g蔗糖，继续煮沸溶解后，加入预先用另一半水（75mL）调和17g玉米粉的糊状物，不断搅拌，小火煮至玉米粉熟为止，稍冷却后加入1.4g酵母粉和1mL丙酸，充分搅匀，分装入已经灭菌的平底试管中。每瓶盛2～2.5cm厚的培养基，塞上胶头塞即可。

五、实验步骤

1．区别突变体和野生型果蝇的雌雄蝇　雄蝇的腹部较小，末端呈圆筒钝状，有4个腹片；背部有3～5条黑色横纹，其中最后一条极宽，并延伸至腹面；第一对步足的第一个跗节表面有黑色性梳，外生殖器为交尾器。雌蝇腹部较大，末端较尖，有6个腹片，背部有粗细均匀的黑色横纹5～7条，第一对步足上无性梳，外生殖器为产卵器。

将突变体和野生型果蝇的雌蝇和雄蝇成对放在解剖镜和生物显微镜下，观察其腹部、背部、性梳和外生殖器。

2. 收集处女蝇 由于雌蝇生殖器官中有贮精囊，一次交配可保留大量精子，供多次排卵受精用，因此做杂交试验前2～3d将突变体培养瓶和野生型培养瓶中的成蝇全部移出。由于羽化出的幼蝇在8～10h不会交配，在这段时间内分别收集突变体和野生型的雌蝇即处女蝇，可连续收集几次。由于刚刚羽化的成虫太幼嫩，不易准确辨别雌雄，为此将可疑个体单独培养0.5～1h，待个体发育完善后，即可清楚地鉴别。

3. 正交和反交 将突变体和野生型果蝇的处女蝇和雄蝇各麻醉5～6只，按正反交组合，把已麻醉的红眼雌蝇、白眼雄蝇和红眼雄蝇、白眼雌蝇分别放入新的培养管内进行杂交，贴上标签，注明杂交组合、交配日期和实验人员姓名，置于20～25℃恒温箱中培养。

4. 观察记录和统计 培养6～7d后，当培养瓶中见到蛹时，除去亲本果蝇；F_1成虫出现后，连续3～4d观察雌蝇和雄蝇正反交中眼色和性别的关系，麻醉并挑选3～5对F_1雌雄果蝇放入新的培养基中分别自交培养；6～7d后除净F_1亲本果蝇，再过3～4d，F_2成蝇出现，将其麻醉后倒在白纸上观察眼色和性别，并进行统计。每隔1～2d统计一次，累积统计7～8d的数据。

六、作业

1. 将果蝇伴性遗传杂交试验的统计结果填入表4.3中，用χ^2检验分析结果是否符合理论比例。
2. 假设控制红白眼色的基因位于常染色体上，正反交的结果又将如何？

表4.3 果蝇伴性遗传正反交统计结果

世代	统计日期	红眼♀×白眼♂				白眼♀×红眼♂			
		雌蝇		雄蝇		雌蝇		雄蝇	
		红眼	白眼	红眼	白眼	红眼	白眼	红眼	白眼
F_1									
	合计								
F_2									
	合计								

实验十四 果蝇的三点测交

一、实验目的

1. 掌握三点测交的原理和方法。
2. 学习三点测交的数据统计处理及分析方法。

3．了解绘制遗传图谱的原理和方法。

二、实验原理

在减数分裂中，位于同一条染色体上的不同基因常常连在一起遗传，这种现象称为基因的连锁。然而，连锁的基因有时会随着非姐妹染色单体的交换而发生交换，产生基因的重组，致使其子代出现一定数量的重组型。基因间发生交换的频率越高，重组型就出现得越多。因此，常用交换值来衡量同一条染色体上两个基因之间的距离，即基因图距。如果两个基因座位间相距很近，重组率等于交换值，直接将重组率作为基因图距；如果两个基因间相距较远，两个基因间往往发生两次以上的交换，则必须先校正，再求出基因图距。通常，1%的重组率等于 1cM（厘摩）。重组率的计算如下。

$$重组率=\frac{具有重组型的测交子代个体}{测交子代个体总数}\times100\%$$

$$校正值=双交换值\times2$$

三点测验能够在同一基因型背景、同一环境条件下达到一次分析三个连锁基因之间关系的目的。通过一次三点测验可以同时确定三个连锁基因的位置，相当于进行三次两点测验，而且能在实验中检测到所发生的双交换。

用野生型纯合体与三隐性基因纯合体杂交，产生杂种 F_1（$wmsn^3/+++$），再使 F_1 与三隐性基因纯合体测交，通过对测交后 F_2 表现型及其数目的分析，分别计算三个连锁基因之间的交换值，从而确定这三个基因在同一染色体上的顺序和距离。三隐性个体的表型是白眼（white）、小翅（miniature）、焦刚毛（singed），分别由位于 X 染色体上的三个隐性基因 m、w 和 sn^3 调控。野生型纯合体是长翅、红眼和直刚毛，决定这些性状的相应基因表示为＋＋＋。

如果两个基因间的单交换并不影响邻近两个基因的单交换，根据概率论的相乘原理，两处同时发生交换的理论值即理论双交换值应等于两个单交换值的乘积。但实际上观察到的双交换值往往低于预期值，因为每发生一次单交换，它邻近也发生一次交换的机会就减少，这称为干涉。一般用并发率（并发系数）表示干涉的大小。

$$并发率=\frac{实际双交换值}{两个单交换值的乘积干涉}=1-并发率$$

并发系数变动于 0～1。当符合系数为 1 时，说明实际双交换值等于理论双交换值，表示两个单交换独立发生，完全不受干涉；当并发系数为 0 时，表示一位点发生交换，其邻近位点就不发生交换，表示没有发生双交换，完全受到干涉。一般而言，干涉与基因间的距离有关，距离越近，干涉越大；越接近着丝点的位置，染色体交换越少；相距越远，交换越大，干涉越小；相距到一定距离，干涉作用消失。

三、实验材料

黑腹果蝇（*Drosophila melanogaster*）品系：野生型果蝇（＋＋＋）红眼、长翅、直刚毛；突变体果蝇（$wmsn^3$）白眼、小翅、焦刚毛。

四、实验用品

1. 仪器用具　体视显微镜、恒温箱、培养瓶、麻醉瓶、镊子、滤纸等。

2. 药品和培养基　无水乙醚、玉米粉饲料。

3. 培养基配制　玉米粉饲料的配制：参考“实验十三果蝇的伴性遗传分析”部分。

五、实验步骤

1. 选处女蝇　将突变体果蝇培养 8～12d，收集刚羽化的突变型果蝇的处女蝇。

2. 杂交处理　将突变体果蝇的处女蝇和野生型果蝇的雄蝇各麻醉 5～6 只，转移到新的杂交瓶中，置于 20～25℃恒温箱中培养。贴好标签，注明亲本性状、杂交日期和操作人姓名。

3. 杀死亲本　果蝇培养 7d 后，培养瓶中开始出现幼虫，甚至蛹，这时用乙醚杀死杂交亲本。

4. F_1 测交　继续培养 2～3d 后，观察 F_1 中雌蝇和雄蝇的性状。F_1 雌蝇为杂合体，表现为红眼、长翅、直刚毛；F_1 雄蝇的 X 染色体上的三个基因全是隐性，而 Y 染色体上无相对的基因，所以为纯合体，与杂交之前的突变体雄蝇亲本相同，表现为白眼、小翅、焦刚毛，因此，F_1 测交即自交。从新羽化的 F_1 中选取雌蝇和雄蝇各 5～10 只，转入新的培养瓶中，于 25℃条件下培养。

5. 去除 F_1 亲本　培养 7d 后，当培养瓶中有足够的幼虫和蛹时，去掉 F_1 亲本果蝇。

6. 观察 F_2 果蝇　继续培养 4～5d 后，F_2 成蝇陆续羽化出来，每隔一天收集一次，用乙醚将其杀死，观察眼色、翅形和刚毛形态，同时记录各种性状果蝇的数目，连续统计 7～8d。每组至少统计 250 只果蝇。

7. 绘制基因图距　根据两个基因之间的重组率，将各个基因之间的遗传距离和顺序标记出来。

六、作业

1. 根据实验所得到的 F_2 8 种表型的统计数据，计算重组率和双交换值。
2. 计算并发率和干涉。

实验十五　植物雄性不育性的鉴定及遗传分析

一、实验目的

1. 掌握雄性不育系的植物学形态特征和花粉育性鉴定技术。
2. 了解作物雄性不育性的类型及遗传特点。

二、实验原理

雄性不育系（male sterility line）雄蕊发育不正常，花药瘦小、干瘪、不开裂、内含败育花粉或无花粉；雌蕊发育正常，可接受正常花粉而受精结实。生产上能够使用的可遗传雄性不育分为质核互作雄性不育（nucleo-cytoplasmic male sterility）和核雄性不育（nucleic male sterility）两种类型。

质核互作雄性不育是受细胞质不育基因和对应的细胞核不育基因共同控制的不育类型，常简称为胞质不育（CMS）。质核互作雄性不育系的基因型为 S（rr），简称不育系（A）。N（rr）类型是雄性可育的，用其花粉给不育系授粉，即 S（rr）与 N（rr）杂交，F_1 全部表现雄性不育，因此把具有 N（rr）基因型的品系或自交系称为雄性不育保持系（male sterility maintainer line），简称保持系（B）。N（RR）或 S（RR）类型是雄性可育的，用其花粉给不育系授粉，F_1 全部表现雄性可育，因此把具有 N（RR）或 S（RR）基因型的品系或自交系称为雄性不育恢复系（male sterility restorer line），简称恢复系（R）。质核互作雄性不育能实现不育系、保持系、恢复系三系配套，通过三系法将杂种优势应用于生产（图 4.2），在水稻、小麦、油菜等多种作物上取得了成功。

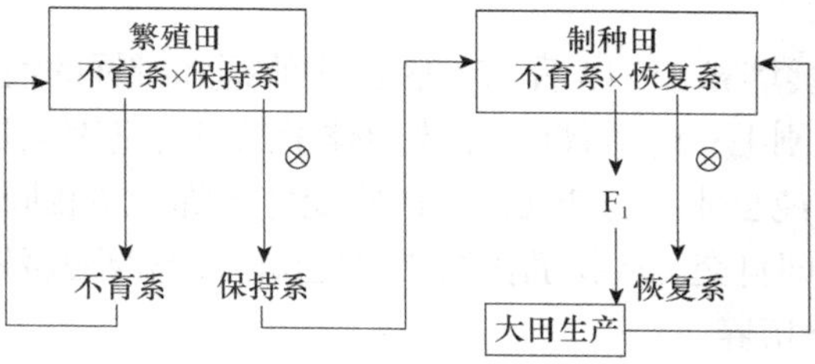

图 4.2　三系法利用杂种优势示意图

核雄性不育是受细胞核不育基因控制的，分为隐性核不育、显性核不育和环境诱导型核不育。核雄性不育后代分离符合孟德尔定律。

隐性核不育的不育基因是隐性的（msms），而正常品种具有的可育基因是显性的（MsMs）。当不育株与正常株杂交时，F_1（Msms）为可育株，F_2 分离出不育株，一般可育株与不育株的比例为 3∶1，不育株与 F_1 杂交，其杂种可育株与不育株的比例呈 1∶1。隐性核不育突变株与原品种杂交，杂种表现可育，收其种子种成群体，单株间将会出现不育株和可育株分离。该群体自由授粉，在不育株上收种子，后代又呈现不育株和可育株分离，几代后分离比例将稳定为 1∶1，从而育成一个农艺性状整齐、育性分离的群体，这就是核不育系（图 4.3）。核不育系可以一系两用，用其中的可育株给不育株授粉达到繁殖种子并保持不育性的目的。但该不育系用于制种时，应根据其形态特征和育性表现，在异交授粉

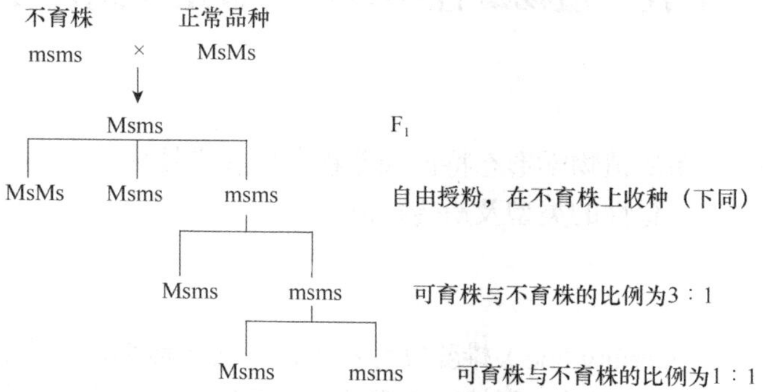

图 4.3　核不育系选育示意图

前将可育株和杂株除去，这样才能保证杂交品种的纯度。我国用洞 A 或它的衍生系已培育出 10 多个川杂系列和南农系列棉花杂交种。显性核不育一般较难用于杂种优势利用。

光温敏核不育（photoperiod-temperature sensitive genic male sterility）的育性一般受一对或两对细胞核隐性基因控制，育性表现受光温等环境因子诱导。其育性有两重性，在不育的光温条件下可以用于杂交制种生产杂交种，在可育的光温条件下可以自交繁殖，可通过两系法利用杂种优势，在水稻、小麦等作物上取得了成功。

一个优良的雄性不育系必须具备不育性稳定、不育株率和不育度都达到 100%、不育花粉率≥99.99%、自交结实率＜0.001%、开花习性良好、柱头外露率高、农艺性状整齐一致的特点。雄性不育系的鉴定，一般采用植株形态、花粉育性镜检和套袋自交鉴定等方法。

作物雄性不育系在植株形态等方面与可育植株不同。现将几个主要作物雄性不育系与可育植株（保持系和恢复系）的形态差别列于表 4.4。

表 4.4　雄性不育系与可育植株的形态比较

作物	性状	不育系	可育植株
水稻	株型	较紧凑，植株较矮	较松散，植株较高
	分蘖力	较强	较弱
	抽穗开花时间	较长，较分散	有明显的高峰期
	穗颈	有包颈现象	正常
	花药形态、色泽和开裂情况	瘦小、干瘪，白色或淡黄色水渍状，不开裂	肥大、饱满，鲜黄色，开裂
油菜	花蕾	瘦小，色浅	肥大饱满，色深
	花瓣	较小，基部较细，色浅	大，色深
	花药	短小，约为正常的 1/2，顶端无钩，白色	长而肥大，鲜黄色
	雌蕊	短，呈短颈瓶状，色浅，有的略弯	长，呈长颈瓶状
玉米	雄穗	不发达	发达，松散
	小穗着生	在主轴上着生，稀而扁平	饱满而个体大
	颖花开放	关闭，不开放	开放，花丝伸长
	花药形态	短小，干瘪，浅褐色，不伸出颖片外，不开裂	大而饱满，黄绿色，开花时伸出颖片，开裂散粉
	花粉	无花粉或花粉败育，不散粉	花粉量很多，散粉

I-KI 染色法鉴定花粉育性的原理是：花粉经 I-KI 染色，正常花粉因有较多淀粉粒，遇 I-KI 呈紫黑色，不正常花粉则染色浅或不染色。按花粉粒的形状和染色反应分为典型败育（典败型）、圆形败育（圆败型）和染色败育（染败型）（表 4.5）。

表 4.5　雄性不育系败育型花粉与正常可育花粉的比较

项目	典败型	圆败型	染败型	正常可育
花粉形状	不规则	圆形	圆形	圆形
碘反应	不染色	不染色或少量紫色	紫色	紫黑色
套袋自交结实情况	不结实	不结实	不结实	结实

三、实验材料

根据季节和实验条件选择以下材料。

1）水稻（*Oryza sativa*，$2n=24$）胞质不育材料（不育系、保持系、恢复系），不育系和恢复系的杂种 F_1，F_1 自交后代 F_2 群体。

2）甘蓝型油菜（*Brassica napus*，$2n=38$）胞质不育材料（不育系、保持系、恢复系）。

3）油菜隐性核不育 AB 系群体，隐性核不育可育株自交后代群体。

四、实验用品

1. 仪器用具 生物显微镜、镊子、载玻片、盖玻片、回形针、羊皮纸袋、标签、吸水纸等。

2. 药品试剂 1% I-KI 溶液、0.5% TTC（红四氮唑/氯代三苯基四氮唑/四唑）溶液等。

3. 试剂配制

1）1% I-KI 溶液：称取 2g KI 溶于 100mL 蒸馏水中，再加入 1g 碘片，充分溶解后定容至 300mL，装入棕色瓶备用。

2）0.5% TTC 溶液：称取 0.5g TTC，溶于少量蒸馏水中，定容至 100mL。

五、实验步骤

1. 田间实验操作设计和播种 根据季节，种植水稻和油菜的不同群体。其中，胞质不育材料（不育系、保持系、恢复系）、杂种 F_1 可分别种植 30～50 株；F_2 群体、隐性核不育 AB 系群体、隐性核不育 AB 系内可育株自交后代群体均为分离世代群体，可分别种植 200 株左右。田间设置 2～3 个重复。

2. 雄性不育系、保持系和恢复系植株形态特征的观察和识别 对不同类型的不育系、保持系和恢复系逐行逐株观察，比较株型、株高、分蘖、叶色、抽穗、开花时间、花药形态、颜色、开裂等形态的区别，选择区分最明显的 3 或 4 个性状填入表 4.8 中，以此证实观察结果。

3. 雄性不育系花粉育性镜检鉴定

（1）I-KI 染色法

1）取样：取不育系、保持系和恢复系植株即将开花的穗或花序 2～4 个，挂标签，带回实验室。从中选择花药已长达颖壳 2/3 的花朵 3 或 4 个，剥开内外颖，从每朵花中取花药 3 个左右。

2）制片：将花药分别置于载玻片上，用镊子轻轻捣碎，滴上 1 小滴 1% I-KI 溶液染色，去掉花药壁后，盖好盖玻片，吸去多余的 I-KI 溶液。

3）镜检：将制好的玻片置于 10 倍显微镜下仔细观察。每片各选择 3 个有代表性的视野，观察花粉粒的形状和染色反应，统计每个视野内不育花粉粒的数量，并计算不育花粉率。

$$\text{不育花粉率}=\frac{\text{不育花粉粒数}}{\text{总花粉粒数}}\times 100\%$$

（2）TTC 染色法

1）制片：取已成熟但尚未开花的花药 5～10 个，切断花药两端，放入小烧杯中，加入 0.5% TTC 溶液，使花药完全浸入反应液中，在 35℃条件下染色 15～30min。若用 0.2% TTC 溶液，在 35℃条件下则染色 30～60min。取出花药，置于载玻片上，用镊子挤压出花粉，去掉花药壁组织，盖上盖玻片。

2）镜检：在低倍镜下，随机选取 5 个视野，至少统计 100 粒花粉，同时统计不育花粉粒，计算不育花粉率。

（3）判断不育等级

根据不育花粉率，判定花粉不育等级，并将取样结果根据表 4.6 填入表 4.9。

表 4.6　水稻花粉不育性分级标准

不育等级	正常可育	低不育	半不育	高不育	全不育
不育花粉率/%	<50	50～69	70～94	>95	100

4. 雄性不育系套袋自交结实性鉴定　套袋自交是鉴定育性最准确、最可靠的方法，即在不育系中选择刚抽穗而尚未开花的花序 3 个，套上牛皮纸袋，用回形针固定，让其自交结实，15d 后去掉纸袋，分别统计其自交结实情况。凡套袋的株（穗或蕾）只要有一粒结实就算作结实株（穗或蕾）。按下面的公式计算不育株（穗或蕾）率和不育度。

$$\text{不育株（穗或蕾）率}=\frac{\text{不育株（穗或蕾）数}}{\text{套袋总株（穗或蕾）数}}\times 100\%$$

$$\text{不育度}=\frac{\text{不育花朵数}}{\text{总花朵数}}\times 100\%$$

根据不育度，确定不育度等级（表 4.7），将结果填入表 4.10。

表 4.7　水稻不育系不育度分级标准

不育等级	正常可育	低不育	半不育	高不育	全不育
不育度/%	<20	20～49	50～89	90～99	100

5. 不育系的遗传分析

（1）细胞质雄性不育和核不育的形态识别　根据细胞质雄性不育和核不育的特点对田间所有种植群体的不育株群体进行识别，鉴定其不育株不育类型。

（2）分离世代群体不育和可育株的统计及其比率估算　对水稻 F_2 群体、隐性核不育 AB 系群体、隐性核不育 AB 系内可育株自交后代群体等分离世代群体进行挂牌编号，判断其育性，调查每个群体内不育株和可育株数目。

根据统计的不育株和可育株数目，估计其预期比例，通过 χ^2 测验检验预期比例，分析其遗传行为。

六、作业

1. 不育系形态比较与识别（表 4.8）。

表 4.8 根据观察结果鉴定作物的雄性不育性

行号	是否雄性不育	判断依据			
		性状 1	性状 2	性状 3	性状 4
1					
2					
3					

2．不育材料和可育材料花粉育性镜检鉴定（表 4.9）。

表 4.9 花粉育性镜检鉴定结果（一）

样品号	每视野花粉粒数				每视野不育花粉粒数				不育花粉率/%	花粉不育等级	是否不育系
	1	2	3	平均	1	2	3	平均			
1											
2											
3											

3．计算所取材料的不育株率和不育度，并判断不育度等级（表 4.10）。

表 4.10 花粉育性镜检鉴定结果（二）

材料编号	总花蕾（穗）数	不育花蕾（穗）数	总花数	不育花朵数	不育株（穗或蕾）率/%	不育度/%
1						
2						
3						

4．根据形态判断不育类型，统计不育株结果并填入表 4.11 中，说明实际观察结果与理论推断是否符合预期，并解释原因。

表 4.11 各不育类型的生物统计分析

编号	不育类型	不育株（株）	可育株（株）	预期比例	$\chi^2=\sum\frac{(O-E)^2}{E}$	P
1						
2						
3						

5．绘制雄性不育花粉和正常花粉的形态并注明颜色。

第三篇

突变的诱导分析实验模块

第五章　突变的诱导分析实验基础知识

突变是生物遗传多样性的重要基础，是生物进化的主要源泉。突变体是研究基因作用和性状遗传机理的宝贵资源，也是新品种培育的重要材料。从广义上讲，突变包括基因突变、染色体结构变异和染色体数目变异。

第一节　基因突变

基因突变在动物、植物及细菌、病毒中广泛存在。基因突变（gene mutation）是指某一基因位点（locus）内部发生了化学性质的变化，与原来的基因形成对性关系。由于基因突变而表现突变性状的细胞或个体，称为突变体（mutant），或称突变型。

一、基因突变的诱发

基因突变可自然发生，称为自发突变；也可在理化因素作用下诱导发生，称为诱发突变，简称诱变。自发突变频率较低，诱发突变频率较高。

（一）物理因素诱变

人工诱变的物理因素包括电离辐射和非电离辐射。辐射诱变的作用是随机的，不存在特异性。也就是说，性质和条件相同的辐射可以诱发不同的变异，性质和条件不同的辐射也可以诱发相同的变异。

1. 电离辐射诱变　电离辐射不仅包括 α 射线、β 射线和中子等粒子辐射，还包括 γ 射线和 X 射线等电磁辐射。X 射线最早被用于诱变，随后主要是用 γ 射线。^{60}钴和 ^{137}铯是 γ 射线的主要辐射源。

中子的诱变效果很好，它可以从同位素、加速器和反应堆中获得。经中子照射的物体带有放射性，人体不能直接接触，必须注意防护。

电离辐射能使基因发生突变是因为它能使构成基因的化学物质直接发生电离作用。当射线碰撞基因任何分子时，射线的能量使分子的某些原子外围的电子脱离轨道，于是这些原子就从中性变为带正电荷的离子，这称为“原发电离”。由于从一个原子外层脱离轨道的电子必然被另一个原子所捕获，因此离子是成对出现的，称为离子对。在射线经过的通路上，在形成大量离子对的过程中所产生的电子，多数尚有较大的能量，能引起第二次电离，这称为“次级电离”。次级电离的结果，轻则造成基因分子结构的改变，产生突变了的新基因；重则造成染色体的断裂，引起染色体结构的畸变。所以在电离辐射作用下，基因突变和染色体畸变常常是交织在一起的。

辐射诱变的总趋势是辐射的剂量越大，原发电离数就越多；原发电离数越多，次级电离就越重；次级电离越重，基因突变率就越高。据研究，单就基因突变来说，不管所用的诱变剂是电磁辐射，还是粒子辐射，基因突变的频率都与辐射剂量成正比，不受辐射强度的影响。辐射剂量是指单位质量被照射的物质所吸收的能量数值。X 射线和 γ 射线的剂量单位是“伦琴”（R），即在 1g 空气中吸收 83 尔格（erg）辐射的能量。中子的剂量单位是“积分流量”，即每平方厘米的截面上通过的中子数（n/cm^2）。β 射线的剂量用每克物质吸收多少“微居里”（μCi）的放射性同位素表示。微居里是放射强度单位，表示每秒有 3.7×10^4 个原子核发生蜕变。辐射强度是指单位时间内照射的剂量数，即剂量率。

电离辐射诱变的方式包括外照射和内照射两种。外照射即辐射源与接受照射的物体之间要保持一定的距离，让射线从物体之外透入物体之内，在体内诱发基因突变。X 射线、γ 射线和中子都适用于外照射。内照射一般可以用浸泡或注射的方法，使辐射源渗入生物体内，在体内放出射线进行诱变。α 射线和 β 射线的穿透力很弱，故只能用于内照射。在实际内照射时，一般不用 α 射线，只用 β 射线。β 射线常用的辐射源是 ^{32}P 和 ^{35}S，尤以 ^{32}P 使用较多。

2. 非电离辐射诱变 常用的非电离辐射是紫外线（ultraviolet，UV）。紫外线的诱变作用在于被 DNA 吸收之后，促使分子结构发生离析。紫外线的波长比可见光略短，其能量不足以使原子电离，只能产生激发作用。原子外围的电子一旦活跃起来，势必造成基因分子链的离析。分子链已经离析的基因在重新组合的时候，不免要发生差错，于是出现基因突变。实验证明，紫外线的作用集中在 DNA 的特定部位。紫外线主要的作用是使胸腺嘧啶联合成二聚体（TT dimer），或是将胞嘧啶脱氨成尿嘧啶，或是将水加到嘧啶的 C4、C5 位置上成为光产物。

由于紫外线的波长较长，限制了它向组织内部穿透的能力，因此紫外线一般只用于微生物或以高等生物配子为材料的诱变工作。研究结果表明，紫外线诱变最有效的波长为 260nm 左右，而这个波长正是 DNA 所吸收的紫外线波长。

（二）化学因素诱变

化学诱变剂种类繁多，某些化学药物的诱变作用有特异性，即一定性质的药物能够诱发一定类型的变异。

1. 妨碍 DNA 某一成分合成引起 DNA 结构变化 这类诱变剂有 5-氨基尿嘧啶、8-乙氧基咖啡碱、6-巯基嘌呤等。前两种碱基妨碍嘧啶的合成，6-巯基嘌呤妨碍嘌呤的合成，从而导致被处理生物的突变。

2. 碱基类似物替换 DNA 分子中不同碱基引起碱基对改变 碱基类似物包括 5-溴尿嘧啶（5-BU）、5-溴去氧尿核苷、2-氨基嘌呤等。碱基类似物在 DNA 复制时常常能掺入 DNA 分子中去，在下一次复制时引起碱基配对上的差错，最终导致碱基对的替换，引起突变。

例如，5-溴尿嘧啶的分子结构与胸腺嘧啶基本相同，只是将 C5 位置上的 CH_3 代之以 Br，常常以酮式状态和腺嘌呤配对（A-5-BUK）。但溴原子对碱基的电子分布有明显的影响，使得正常的酮式结构较经常地转移成互变异构体烯醇式结构（5-BUe）（图 5.1）。烯醇式结构具有胞嘧啶的氢键特性，容易和鸟嘌呤配对。因此，当 DNA 复制时，烯醇式的 5-溴尿嘧啶和鸟嘌呤配对成 G-5-BUe 的核苷酸对。下一次复制时，鸟嘌呤按正常情况和胞嘧啶配对，引起 AT→GC 的改变。同样，GC 也可以变成 AT。

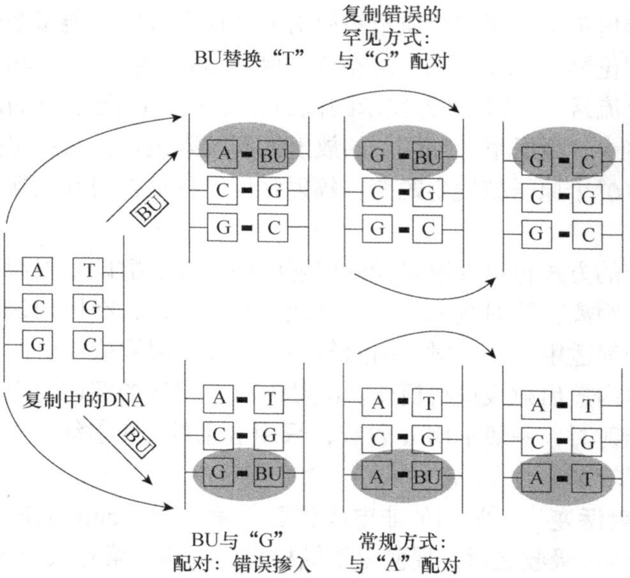

图 5.1　5-BU 的酮式和烯醇式结构及诱发突变（引自朱军，2002）

2-氨基嘌呤（2-AP）也以类似的形式发生作用。它掺入 DNA 中取代原有的腺嘌呤，并与胸腺嘧啶配对。但有时它和胞嘧啶结合，DNA 复制时造成碱基对的转换。

3. 直接改变 DNA 某些特定结构　属于这类诱变剂的有亚硝酸、烷化剂和羟胺等。亚硝酸可以在 pH 5.0 的缓冲溶液中通过氧化作用，以氧代替腺嘌呤和胞嘧啶 C6 位置上的氨基，使腺嘌呤和胞嘧啶脱氨变成次黄嘌呤（I）和尿嘧啶（U）。I 的配对特性像 G，容易和 C 配对成 IC；U 的配对特性像 T，和 A 配对成 AU。在下一次 DNA 复制时，就会产生 AT→GC，GC→AT 的转换。

烷化剂是目前应用最广泛且有效的诱变剂，最常用的有甲基磺酸乙酯（EMS）、甲基磺酸甲酯（MMS）、亚硝酸胍等。它们都带有一个或多个活泼的烷基，这些烷基能够转移到其他电子密度较高的分子中去，使碱基许多位置上增加了烷基（如乙基或甲基），从而改变氢键的结合能力。烷化作用主要发生在碱基的 N1、N3 和 N7 位置上。最容易发生在 G 的 N7 位置上，形成 7-烷基鸟嘌呤。7-烷基鸟嘌呤可与胸腺嘧啶配对，从而产生 GC→AT 的转换。

烷化作用还可使 DNA 的碱基容易发生水解，从 DNA 链上裂解下来，从而造成碱基的缺失。碱基缺失会引起碱基的转换（transition）（指嘌呤被嘌呤或嘧啶被嘧啶替换）与颠换（transversion）（指嘌呤被嘧啶或嘧啶被嘌呤替换），而碱基对的缺失则会造成更严重的后果，如氨基酸缺失、启动子元件丢失，甚至编码框移码等。

烷化剂的另外一个作用是与磷酸结合成不稳定的磷酸酯，磷酸酯水解成磷酸和脱氧核糖，使 DNA 链断裂，从而引起突变。

羟胺是一种非常方便的诱变剂，它的作用比较专化，往往对胞嘧啶起作用，使胞嘧啶 C6 位置上的氨基羟化，产生像 T 一样的结合特性，DNA 复制时和 A 配对，形成 GC→AT 的转换。

4. 引起 DNA 复制错误 某些诱变剂，如 2-氨基吖啶、ICR-170（吖啶芥）等能嵌入 DNA 双链中心的碱基之间，引起单一核苷酸的缺失或插入。苯并芘是生活中广泛存在的 DNA 加合物和强致癌剂。

（三）生物技术诱发基因突变

除了利用物理、化学因素人工诱发基因突变外，还可以通过生物技术手段诱导基因突变，如离体基因定点突变、基因敲除、T-DNA 插入突变、转座子插入突变和基因编辑等。

离体基因定点突变是利用人工合成的一段与目的基因有碱基错配（包括不配对、插入或缺失）的寡核苷酸引物或 PCR 引物，通过 DNA 聚合酶催化引物延伸或 PCR 反应，从而获得目的基因特定位点突变的技术。基因敲除也称基因打靶（gene targeting），是将一段无关的或突变的 DNA 片段取代基因组中的特定基因，从而使目标基因失活的方法。基因敲除的主要原理是：在载体上一段含有报告基因的无关或突变 DNA 片段，在其两侧接有与取代靶基因两侧相同的序列，将其转入受体细胞后，由于同源片段之间的重组，无关或突变片段取代靶基因而整合到染色体中。T-DNA 插入突变就是利用根癌农杆菌 Ti 质粒上的 T-DNA 能够插入宿主植物基因组的特性，将带有报告基因的 DNA 序列标签随机整合到目标受体植物的基因组上，如果插入的位置在某个基因内，那么这个基因就可能失活，这样的个体就是 T-DNA 插入突变体。转座子插入突变则是利用转座子可以在基因组中改变位置的特性来获得插入突变体，转座子整合插入位置的基因最常见的直接效应是失活。基因编辑是指在特异 DNA 核酸内切酶的作用下产生基因组靶位点 DNA 的双链断裂（double-strand break，DSB），在细胞对双链断裂进行修复过程中造成靶位点基因的插入/缺失突变。

二、基因突变的检出和鉴定

基因突变一般可从它的表型效应中被检出，但是某一表型性状发生变化时是否由突变引起，属于什么性质的突变还必须进行鉴定。检出和鉴定突变的方法常因不同生物及不同突变类型而异。

（一）细菌和真菌营养缺陷型突变的检出和鉴定

细菌和真菌营养缺陷型突变的检出和鉴定的基本原理是：野生型能够在基本培养基上生长，而营养缺陷型因丧失了合成某种物质的能力不能在基本培养基上生长，只在添加有该物质的培养基上才能生长。

在诱变处理后、缺陷型筛选之前，需要设法淘汰野生型细胞，提高营养缺陷型细胞所占比例。细菌浓缩缺陷型可用青霉素法，野生型在含有青霉素的基本培养基中能生长而被杀死，缺陷型不能生长，可被保存得以浓缩。真菌浓缩缺陷型可用菌丝过滤法，其野生型孢子可在基本培养液中萌发而长成菌丝，缺陷型的孢子则不能长成菌丝，因此把经诱变处理的孢子在基本培养液中多次短时间培养和过滤，就可以把缺陷型孢子充分浓缩出来。

检出缺陷型时，需要先将浓缩出来的细胞或孢子放在完全培养基里生长。完全培养基是在基本培养基里另外加多种维生素、氨基酸、嘌呤和嘧啶等，各种突变型和野生型都能在其上生长和繁殖。然后，从完全培养基中取出一部分细菌或孢子在基本培养基上培养，若能正常生长说明没有发生突变；如果不能在基本培养基上生长，说明发生了突变。检出突变型后，可进一步鉴定突变的类型。把确定为发生突变的材料取出，分别接种在基本培养基和基本培养基加各种氨基酸、基本培养基加多种维生素等不同补充培养基上培养。如果能在完全培养基上生长，不能在基本培养基上生长，但能在某类物质的补充培养基上生长，则说明是该类补充物质的缺陷型。然后可将其在只含有该类物质单一成分的不同补充培养基上培养，以鉴定是哪一种营养成分的缺陷型。

（二）植物基因突变的鉴定

由基因突变引起的变异是可遗传的，而由环境条件导致的变异是不可遗传的。在处理材料的后代中，一旦发现与原始亲本不同的变异体，就要鉴定它是否真实遗传。需要把发现的变异体连同原始亲本一起，种植在土壤和栽培条件基本均匀一致的条件下，仔细观察比较两者的表现。如果变异体跟原始亲本大体表现相似，说明它是不可遗传的变异；反之，说明它是可遗传的，是基因发生了突变。突变体究竟是显性突变，还是隐性突变，这可利用杂交试验加以鉴定。

随着分子遗传学的发展，许多现代分子生物学的手段已经用于基因突变的检测，如DNA芯片技术、检测DNA点突变的毛细管电泳技术、等位基因特异寡核苷酸杂交技术等，提高了检测的可靠性和效率。

第二节　染色体结构变异

染色体结构变异也称为染色体重排（chromosome rearrangement），包括染色体区段数量的增加或减少、染色体区段位置的改变等。染色体结构变异有4种基本类型，一个染色体区段可以发生丢失即染色体缺失（deletion），也可以倍增即重复（duplication），染色体内某一区段的方向可以颠倒即倒位（inversion），某段染色体可以移动到另一条非同源染色体上即易位（translocation）。

一、染色体结构变异产生的原因

染色体结构变异的主要原因是DNA链的断裂和重新连接。DNA双链分别在不同位点断裂，然后断裂的末端相连形成了新的染色体排列。据研究，在自然条件下，甚至营养、温度、生理等异常的变化，也可能使染色体折断为分开的断片。如果人为地用某些物理因素（如紫外线、X射线、γ射线、中子等）或化学药剂处理细胞，染色体折断的频率还会大大地增加。细胞中的修复机制可将断裂末端连回原处，修复双链断裂。如果两个不同断裂的末端连接在一起，结果是染色体重排。

另外一个导致重排的原因是重复DNA序列间的染色体交换。由于一些生物在相同或不同染色体上有重复的短DNA序列，减数分裂时对于重复序列的配对选择存在歧义。如果序列配对不是在同源染色体的相同对应位置发生，交换会产生畸变染色体，其中包含了缺失、重复、倒位和易位等结构变异。

二、染色体结构变异的细胞学鉴定特征

（一）缺失的鉴定

在染色体端部发生缺失的细胞进行分裂时，一般都可以见到遗弃在细胞质里无着丝粒的断片。如果是中间缺失染色体，而且缺失的区段较长，则在缺失杂合体的偶线期和粗线期，正常染色体与缺失染色体所联会的二价体常会出现环形或瘤形突出，这是正常染色体未缺失的区段因未同源联会而被排挤出来形成的，称为缺失环/瘤（图 5.2）。顶端缺失和微小中间缺失的细胞学鉴定比较困难。倘若顶端缺失的区段较长，可在缺失杂合体的双线期检查交叉尚未完全端化的二价体，注意非姐妹染色单体的末端是否长短不等。

（二）重复的鉴定

倘若重复的区段较长，重复杂合体的重复染色体与正常染色体联会时，重复区段就会被排挤出来，成为二价体的一个突出的环或瘤，称为重复环/瘤（图 5.3）。

图 5.2　缺失环（引自朱军，2002）

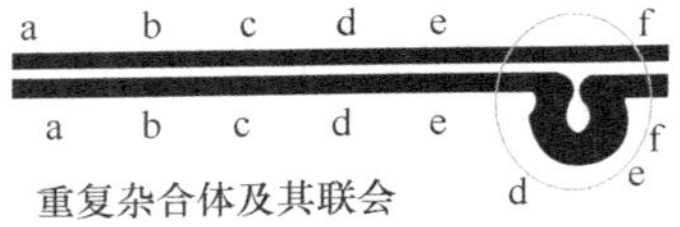

图 5.3　重复环（引自朱军，2002）

缺失杂合体和重复杂合体二价体都可能形成环/瘤突起，所以必须参照染色体的正常长度、染色粒和染色节的正常分布、着丝粒的正常位置等进行比较鉴定。

（三）倒位的鉴定

倒位是指染色体的某一区段的正常直线顺序颠倒了。倒位有臂内倒位（paracentric inversion）和臂间倒位（pericentric inversion）。臂内倒位的倒位区段在染色体的某一个臂的范围内；臂间倒位的倒位区段内有着丝粒，即倒位区段涉及染色体的两个臂。

倘若倒位区段很长，则在倒位杂合体减数分裂时，倒位染色体就可能反转过来，使其倒位区段与正常染色体的同源区段进行联会，于是二价体的倒位区段以外的部分就只得保持分离（图 5.4）。倘若倒位区段不长，则倒位杂合体的倒位染色体与正常染色体联会的二价体就会在倒位区段内形成“倒位圈”（图 5.5）。

图 5.4　倒位区段联会，倒位区段以外的部分保持分离（引自朱军，2002）

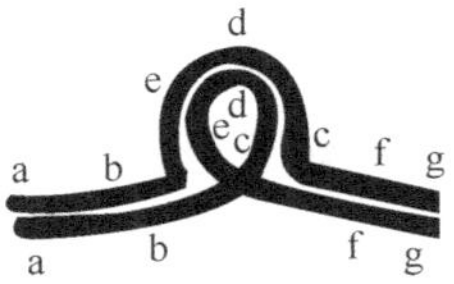

图 5.5　倒位杂合体联会的二价体在倒位区段内形成“倒位圈”（引自朱军，2002）

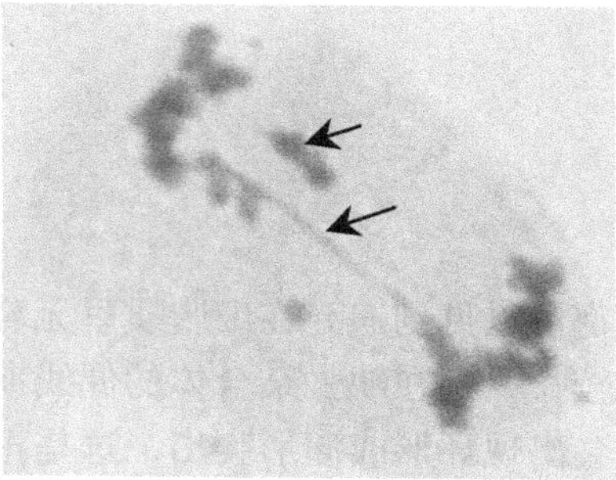

图 5.6 减数分裂后期Ⅰ的落后染色体和“桥”

在倒位圈内外，非姐妹染色单体之间总是要发生交换的，其结果不仅能引起倒位杂合体产生大量缺失或重复缺失染色单体，而且能引起臂内倒位杂合体产生双着丝粒染色单体。双着丝粒染色单体的两个着丝粒在后期向相反两极移动时，两个着丝粒之间的区段跨越两极，就构成所谓的“桥”。因此，在臂内倒位杂合体减数分裂后期Ⅰ或后期Ⅱ，可以观察到落后染色体和“后期桥”（图 5.6）。

（四）易位的鉴定

易位是指某染色体的一个区段移接在非同源的另一个染色体上。倘若两个非同源染色体都折断了，而且这两个折断了的染色体及其断片随后又交换地重新接合起来，这称为相互易位（reciprocal translocation）。如果某染色体的一个臂内区段，嵌入非同源染色体的一个臂内，称为转移（shift），属于简单易位（simple translocation）。简单易位很少见，最常见的是相互易位。

相互易位杂合体在偶线期和粗线期将联会形成“+”字形象；到了终变期，“+”字形象就会因交叉端化而变为 4 个染色体构成的“四体链”或“四体环”；到了中期Ⅰ，终变期的环又可能变为“8”字形象（图 5.7）。

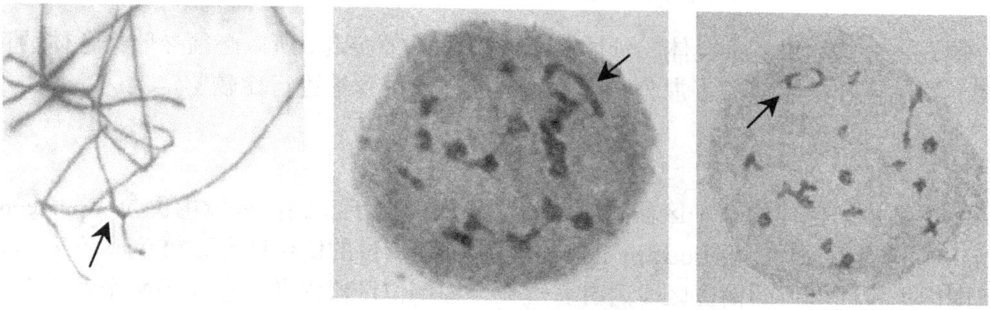

图 5.7 相互易位杂合体粗线期“+”字形四价体、终变期四体链和四体环

第三节 染色体数目变异

染色体数目变异包括整倍体变异和非整倍体变异。常见的整倍体变异有同源多倍体和异源多倍体及单倍体，非整倍体变异有单体、缺体、三体和四体 4 种基本类型。

一、染色体加倍与多倍体的鉴定

自然界中各种生物的染色体数目是相当恒定的，这是物种的重要特征之一。在遗传学上，把二倍体物种配子中的染色体称为染色体组（体细胞中往往有两套相同的染色体组）。一个染色体组由一定数目的染色体组成，其中每个染色体的形态和功能各不相同，但又互相协调，共同控制生物的生长和发育、遗传和变异。这是染色体组的基本特征。

由于各种生物的来源不同，细胞核内可能具有一个或一个以上的染色体组。凡是核中含有一套完整染色体组的生物体就称为一倍体，核内具有两套完整染色体组的生物体称为二倍体，核内具有多于两套完整染色体组的生物体称为多倍体。

在多倍体中，又可按染色体组的来源，分为同源多倍体和异源多倍体。凡染色体组来自同一个二倍体物种的多倍体称为同源多倍体，染色体组来自不同二倍体物种的多倍体称为异源多倍体。

多倍体普遍存在于植物界，目前已知被子植物中有 1/3 或更多的物种是多倍体。例如，栽培马铃薯是同源四倍体，香蕉是同源三倍体，二粒小麦是异源四倍体，普通小麦是异源六倍体。同源多倍体往往是同一个二倍体物种染色体加倍产生的。异源多倍体主要是不同种间杂交，杂种的染色体加倍产生的。

（一）染色体加倍

天然多倍体主要是由未减数配子受精融合结籽而形成的，也可以人工诱发体细胞染色体加倍而形成多倍体植物。人工诱发多倍体在育种中有重要意义，如克服远缘杂交的不孕性、远缘杂种的不结实性和创造新的作物类型（例如，三倍体西瓜无籽，三倍体甜菜含糖量和产量较高，三倍体杜鹃花花期较长，八倍体小黑麦抗寒性强）等。另外，染色体加倍还是单倍体育种的关键技术。

采用高温、低温、X 射线照射、嫁接和切断等物理方法可以人工诱发多倍体植物，也可以用化学药剂诱发多倍体，以化学药剂诱发多倍体较为常用。使用的化学药剂包括秋水仙素、萘嵌戊烷、异生长素等，其中以秋水仙素效果最好，使用最为广泛。

秋水仙素是由百合科植物秋水仙（*Colchicum autumnale*）的种子及器官中提炼出来的一种生物碱。在多倍体诱导中，它的主要作用是抑制细胞分裂时纺锤体的形成，使姐妹染色单体分开后不向两极移动，从而使细胞内染色体数目加倍。在去除秋水仙素的作用后，染色体加倍的细胞继续分裂，就形成多倍性的组织。例如，由多倍性组织分化产生的性细胞，就可以通过有性繁殖产生多倍体后代。对于无性繁殖植物，如由多倍性组织分化成苗，即为多倍体后代。

用秋水仙素人工诱发多倍体时，秋水仙素的浓度、处理时间及处理方式十分关键，应根据具体情况而有所选择。浓度一般为 0.02%～0.5%，处理时间为数小时至数天，处理方式有浸种法、浸根法、浸/滴/涂茎尖生长点法等。

（二）多倍体的鉴定特征

同源多倍体具有多套相同的染色体组，在减数分裂时联会形成多价体，后期 I 染色体分离不规则，配子育性低，结籽少；而种间杂种染色体加倍后在减数分裂时往往形成二价体，分离也较规则，配子育性较高，结籽较多。

多倍体除细胞内染色体数目加倍外，往往还会导致形态解剖特征的相应变化，如组织器官增大、增粗、增厚，气孔增大、单位面积的气孔数目减少，保卫细胞内叶绿体数增多，花粉粒增大等。

因此，人工诱发多倍体的鉴定，通常是检查诱发后代分生组织细胞（如幼根、幼叶、茎尖、花粉母细胞等）的染色体数目是否已经加倍，观察减数分裂染色体联会和分离情况，也可以借助诱发后代的形态解剖学特征及育性（如远缘杂种加倍后育性提高）等进行辅助鉴定。

二、单倍体的诱导与鉴定

单倍体在植物育种及遗传学研究中有十分重要的意义。单倍体（haploid）是指具有配子染色体数（n）的个体。单倍体可分为单元单倍体（一倍体）和多元单倍体两类。玉米是二倍体，它的单倍体就是单元单倍体（$n=x=10$）。多元单倍体是多倍体的单倍体，有两个或两个以上的染色体组。普通烟草是异源四倍体，它的单倍体就是二倍体（$n=2x=\mathrm{TS}=24$）；普通小麦是异源六倍体，它的单倍体就是三倍体（$n=3x=\mathrm{ABD}=21$）。

（一）单倍体的产生途径

单倍体可以自然产生，是大多数低等植物生命的主要阶段。高等植物中出现的单倍体几乎都是由于生殖过程的不正常而产生的，如孤雌生殖和孤雄生殖，绝大多数单倍体是孤雌生殖的结果。

高等植物自然发生单倍体的频率很低，利用相关技术可以大大提高人工获得单倍体的频率。目前应用最为广泛、成功的人工获得单倍体的方法是花药培养或小孢子培养。影响植物花药培养或小孢子培养的因素主要有供体植株的基因型、供体植株的生理状态、花粉发育阶段、培养基和培养条件等。利用种间或属间远缘杂交杂种的染色体组消除现象也可诱导单倍体的产生。例如，栽培大麦（*Hordeum vulgare*，$2n=2x=14$）与野生球茎大麦（*Hordeum bulbosum*，$2n=2x=14$）杂交形成的杂种胚在最初的有丝分裂过程中因两亲本细胞周期持续时间的差异，球茎大麦的染色体逐渐丢失，导致大麦单倍体植株的产生。另外，远缘花粉授粉也可能刺激雌配子体细胞（特别是卵细胞）发育形成单倍体。

（二）单倍体的鉴定特征

在单倍体的孢母细胞内，各染色体组都是单个的，各染色体都没有与自己联会的同源染色体，大多只能以单价体出现，于是表现高度不育，几乎完全不能产生种子。

高等植物的单倍体除了表现高度不育外，细胞、组织、器官和植株一般都比它的二倍体和双倍体（amphiploid）弱小。

三、非整倍体的产生与鉴定

（一）非整倍体的形成途径

形成非整倍体的途径有几种，首先是非整倍体产生非整倍体后代，其染色体在减数分裂时出现“不联会”、“联会消失”和“不分离”等现象，致使配子染色体数多于或少于正常的染色体数目；其次是正常的 $2n$ 个体由于减数分裂不正常也能产生 $n+1$ 或 $n-1$ 配子，其后代也会是非整倍体；植物有丝分裂不正常能产生非整倍体的枝条或花，最后也能产生非整倍体后代；同源多倍体或奇数倍异源多倍体由于减数分裂不规则，其后代中常会出现非整倍体。

（二）非整倍体的细胞学鉴定特征

非整倍体是指比该物种中正常合子染色体组成（$2n$）多或少一至几个染色体的个体。遗传学上有代表性的非整倍体有三体、四体、单体和缺体4种。

三体（$2n+1$）比正常合子染色体组成（$2n$）多1条染色体，减数分裂染色体联会时理论上将形成（$n-1$）Ⅱ+1Ⅲ。

四体（$2n+2$）比正常合子染色体组成（$2n$）多2条同源染色体，减数分裂染色体联会时理论上将形成（$n-1$）Ⅱ+1Ⅳ。

单体（$2n-1$）比正常合子染色体组成（$2n$）少1条染色体，减数分裂染色体联会时理论上将形成（$n-1$）Ⅱ+1Ⅰ。

缺体（$2n-2$）比正常合子染色体组成（$2n$）少1对同源染色体，减数分裂染色体联会时理论上将形成（$n-1$）Ⅱ。

第六章　突变的诱导分析实验技术

实验十六　植物多倍体的诱导及鉴定

一、实验目的

1. 了解人工诱导多倍体的原理，学习用秋水仙素诱导植物多倍体的方法。
2. 掌握多倍体的形态特征和细胞学鉴定技术。

二、实验原理

在自然界中，多倍体普遍存在。植物界的多倍体主要来源于自然发生和人工诱导。人工诱导多倍体的方法很多，包括物理的和化学的诱导方法。物理方法有温度剧变、机械损伤和各种射线处理，如高温、低温、嫁接、反复的切断产生愈伤等。化学方法有秋水仙素、萘嵌戊烷、麻醉剂、异生长素等化学试剂的处理，其中以秋水仙素效果最好，使用最为广泛。秋水仙素可抑制有丝分裂纺锤体微管的形成，使染色体复制后不能正常移向两极，同时细胞质也不分裂，从而产生出染色体加倍的细胞。当染色体数加倍了的分生细胞不再受秋水仙素处理时，又会在多倍体的基础上恢复正常的有丝分裂。

三、实验材料

蚕豆（*Vicia faba*，$2n=12$）、洋葱（*Allium cepa*，$2n=16$）、大蒜（*Allium sativum*，$2n=16$）。

四、实验用品

1. 仪器用具　显微镜、恒温培养箱、恒温水浴锅、带盖搪瓷方盘、镊子、刀片、载玻片、盖玻片、吸水纸等。

2. 药品试剂　0.1%秋水仙素、卡诺固定液Ⅰ、1mol/L 盐酸、乙酸洋红染液等。

3. 试剂配制

1）0.1%秋水仙素的配制：参见“实验一染色体标本片生物材料的准备”部分。

2）卡诺固定液Ⅰ的配制：参见“实验一染色体标本片生物材料的准备”部分。

3）1mol/L 盐酸的配制：参见“实验二压片法制备染色体标本片”部分。

4）乙酸洋红染液的配制：参见“实验八果蝇唾腺染色体的制片与观察”部分。

五、实验步骤

1. 培养材料　将蚕豆置于搪瓷盘中保湿培养，待主根长至 3cm 时，切掉根尖继续培养，侧根长至 0.5～1.0cm 时移到 0.1%秋水仙素中培养约 48h，直至根尖出现膨大现象。将去除干枯鳞叶和老根的洋葱及去皮后的大蒜架于烧杯上，在 25℃条件下清水培养，待须根长至 1.5～2.0cm 时，移至 0.15%秋水仙素中培养约 24h，直至根尖膨大。

同时，每种材料在无秋水仙素处理的条件下培养，长出相同长度的根尖，作为空白对照。

2. 固定　切下膨大的根尖和没加倍的根尖，以卡诺固定液 I 固定 24h，移入 70%乙醇中保存。

3. 解离　将根尖放于 60℃、1mol/L 盐酸中解离，蚕豆根尖解离 15min，洋葱和大蒜根尖解离 10min。

4. 制片　取加倍材料膨大根尖中部至根冠区的细胞和没加倍材料的根尖分生区细胞，用乙酸洋红染液染色 5min，然后进行盖片、烤片和敲片。

5. 镜检　将所制标本片置于显微镜下观察，统计中期细胞的染色体数目，并与空白对照细胞作比较。

六、作业

1. 绘出多倍体和二倍体分裂中期的图像。
2. 分析染色体加倍是否会出现三倍体，为什么？

实验十七　植物单倍体的诱导和鉴定

一、实验目的

1. 学习植物花粉培养经诱导再生成单倍体植株的技术。
2. 掌握单倍体植株鉴定的方法。

二、实验原理

细胞是生命活动的基本单位，细胞中含有控制其生长发育的全套遗传物质，因而具有发育上的全能性，即具有发育成一个完整个体的潜在能力。单倍体（haploid）是指细胞中具有某物种配子染色体组成的个体。单倍体在植物育种及遗传学研究中有十分重要的意义。植物花粉是花粉母细胞减数分裂后形成的产物，因而是由单倍体细胞构成的。通过花药或花粉培养，由花粉发育长成的植株往往就是单倍体植株。相对于花药培养，花粉培养细胞单一，不存在花药壁等体细胞的干扰，因此不会产生非单倍体细胞来源的植株，单倍体诱导频率高。影响植物花粉培养的因素主要有供体植株的基因型、供体植株的生理状态、花粉发育阶段、培养基和培养条件等。单倍体植株的鉴定方法是既可以根据镜检体细胞中的染色体数或花粉母细胞中染色体数及染色体配对的情况，采用流式细胞术测定细胞中的 DNA 含量进行直接鉴定；也可以根据形态特征进行间接鉴定。单倍体植株瘦弱，叶片窄小，保卫细胞变小，单位面积上的气孔数减少；花器官变小，花药退化，花粉粒不育或育性极低，不结实或结实极差。

三、实验材料

甘蓝型油菜（*Brassica napus*，$2n=38$）。

四、实验用品

1．仪器用具 电子天平、磁力加热搅拌器、普通光学显微镜、微波炉、pH 计、离心机、离心管、刻度吸管、不锈钢碟、恒温培养箱、振荡培养箱、超净工作台、高压灭菌锅、细菌过滤器、镊子、剪刀、盖玻片、载玻片、解剖针、烧杯、试剂瓶、锥形瓶、培养皿、注射器内筒、400 目筛网、封口膜等。

分装培养液和无菌操作用到的试剂瓶、培养皿、注射器内筒、筛网、离心管、吸管等用高压灭菌锅 121℃高温灭菌。

2．药品试剂 KNO_3、NH_4NO_3、$MgSO_4 \cdot 7H_2O$、KH_2PO_4、$CaCl_2 \cdot 2H_2O$、$NaH_2PO_3 \cdot H_2O$、$(NH_4)_2SO_4$、$Ca(NO_3)_2 \cdot 4H_2O$、$MnSO_4 \cdot 4H_2O$、$ZnSO_4 \cdot 7H_2O$、H_3BO_3、KI、$Na_2MoO_4 \cdot 2H_2O$、$CuSO_4 \cdot 5H_2O$、$CoCl_2 \cdot 6H_2O$、EDTA-Na_2、$FeSO_4 \cdot 7H_2O$、NaFeEDTA、1mol/L NaOH、次氯酸钠溶液（安替福民）、75%的乙醇、IBA、甘氨酸、维生素 B_1（硫胺素）、维生素 B_6（吡哆醇）、烟酸、肌醇、叶酸、生物素、谷胱甘肽、谷氨酰胺、丝氨酸、蔗糖、琼脂、乙酸洋红染液等。

3．试剂和培养基配制

（1）乙酸洋红染液的配制 参见"实验八果蝇唾腺染色体的制片与观察"部分。

（2）培养基 MS、B5 和 NLN 培养基的基本成分和配方见表 6.1。

表 6.1 MS、B5 和 NLN 培养基的基本成分和配方表 （单位：mg/L）

成分	MS	B5	NLN
KNO_3	1900	2500	125
NH_4NO_3	1650		
$MgSO_4 \cdot 7H_2O$	370	250	125
KH_2PO_4	170		125
$CaCl_2 \cdot 2H_2O$	440	750	
$NaH_2PO_3 \cdot H_2O$		150	
$(NH_4)_2SO_4$		134	
$Ca(NO_3)_2 \cdot 4H_2O$			500
$MnSO_4 \cdot 4H_2O$	22.3		22.3
$MnSO_4 \cdot H_2O$		10	
$ZnSO_4 \cdot 7H_2O$	8.6	2.0	8.6
H_3BO_3	6.2	3.0	6.2
KI	0.83	0.75	
$Na_2MoO_4 \cdot 2H_2O$	0.25	0.25	0.25
$CuSO_4 \cdot 5H_2O$	0.025	0.025	0.025
$CoCl_2 \cdot 6H_2O$	0.025	0.025	0.025
EDTA-Na_2	37.3	37.3	
$FeSO_4 \cdot 7H_2O$	27.8	27.8	
NaFeEDTA			26.4
甘氨酸	2.0		2
维生素 B_1	0.1	10.0	0.5
维生素 B_6	0.5	1.0	0.5
烟酸	0.5	1.0	5

续表

成分	MS	B5	NLN
肌醇	100	100	100
叶酸			0.5
生物素			0.05
谷胱甘肽			30
谷氨酰胺			800
丝氨酸			100

1）小孢子分离培养基（B5-13，pH 5.8～6.0）：1/2 B5 大量元素＋1/2 B5 微量元素＋1/2 B5 有机物＋13.2mg/L NaFeEDTA＋130g/L 蔗糖，高温灭菌后 4℃冰箱内保存备用。

2）胚状体诱导培养基（NLN-13，pH 5.8～6.0）：NLN＋130g/L 蔗糖，过滤除菌后 4℃冰箱内保存备用。

3）胚状体成苗、继代、保存培养基（pH 5.8）：MS＋30g/L 蔗糖＋7g/L 琼脂，高温灭菌。

4）生根培养基（pH 5.8）：1/2 MS＋0.5mg/L IBA＋30g/L 蔗糖＋7g/L 琼脂（MS 培养基大量元素成分用量减半），高温灭菌。

五、实验步骤

1. 种植供体植株　9 月中下旬播种育苗，1 个月后将幼苗移栽到直径 30cm 的花钵中，内装取自大田的泥土与泥炭土（2∶1）的混合物，每钵施底肥过磷酸钙 10g、尿素 1.5g、KCl 1.5g 和硼砂 0.33g，每钵种 2 株，置于普通玻璃温室中。每天浇一次水（适量），每月施一次尿素和 KCl 各 1.0g。若出现黄叶、死叶，及时摘除，并注意防治病虫。开花期每天摘除开放花朵，使植株一直停留在蕾期阶段。也可以按大田常规生产方式种植供体植株。

2. 镜检确定取样花蕾大小　选取开放 5 朵以上花的主花序或一次分枝花序的花蕾，用镊子取出花药放在载玻片上，用解剖针轻轻挤压出花粉，涂抹在载玻片上，去除花药壁等较大的杂质，加一滴乙酸洋红染液染色 1～2min，盖上盖玻片，置于显微镜下观察花粉发育时期，找出花蕾长度与花粉发育时期之间的关系，确定大多数花粉处于单核靠边期的花蕾长度。取样花蕾的长度一般为 2.5～3.5mm。

3. 取材和消毒　在晴天上午 9:00～11:00，从生长健壮植株取合适大小的花蕾，用 75%的乙醇浸泡 0.5～1min，用无菌水冲洗 3 次，然后再用 10%～15%的 $NaClO_3$ 浸泡 15min，用无菌水冲洗 3 次，每次大约 5min。

4. 小孢子分离纯化　将消毒后的花蕾转入直径为 12cm 的小钢碟中，加入少量小孢子分离培养基（B5-13），用玻璃注射器内筒挤压花蕾，再经 400 目的筛网过滤，将滤液转入带刻度的容积为 10mL 的离心管中，1200r/min 离心 3min，离心后倒掉上清液，重新加入 B5-13 培养基，离心 3 次。

5. 胚状体诱导培养　将小孢子沉淀物用 NLN-13 按 1 蕾花粉/mL 重悬，按 4mL/皿分装于高温灭菌后的培养皿（60mm×15mm）中，再加入少许活性炭，用封口膜封好，在 32℃恒温培养箱中静置热激培养 3d，转移到 25℃条件下继续暗培养，肉眼能见到胚状体时（5～10d）转入25℃的振荡培养箱（60r/min）中弱光培养，使胚状体长大成熟。

6. 胚状体成苗培养 小孢子培养30d左右后，在无菌操作台上将胚状体取出，选择子叶胚和鱼雷胚转移至成苗培养基上，在培养室中培养。培养温度为23℃左右，光照时间为16h/d。

7. 继代、生根培养，炼苗和移栽 将胚状体长出的不定芽从母体上切下，接种在保存培养基上，在培养室中培养保存。没有成苗的胚状体，切割转移到继代培养基上培养，约30d继代1次，直至出芽。移栽前约1个月，将芽接种在生根培养基上生根培养。经约30d培养后，将培养物放置在室外自然条件下炼苗1周左右。然后，取出生根苗，洗净培养基，移栽到试验地里。培养温度为23℃左右，光照时间为16h/d。

8. 单倍体植株的鉴定

（1）形态鉴定 与二倍体植株进行比较，从植株生长势，植株和叶片、花等器官的大小，分枝数，花粉量和结实情况等方面进行鉴定。

（2）细胞学鉴定

1）减数分裂观察：取幼小花序，固定后制备花粉母细胞减数分裂标本，观察染色体数量及染色体配对、分离行为。

2）花粉育性观察：取即将开放花朵，取花药于载玻片上，加适量乙酸洋红染液，挤出花粉，盖上盖玻片，在显微镜下观察花粉育性。饱满且被染成红色的花粉为可育花粉，皱缩、小而不能染色的花粉为不育花粉。

六、作业

1. 与二倍体相比，单倍体植株在形态和育性上有什么特点？
2. 单倍体减数分裂染色体的行为特点是什么？

实验十八 植物的化学诱变及突变体鉴定

一、实验目的

1. 学习甲基磺酸乙酯诱变水稻突变体的方法。
2. 掌握诱变突变体的鉴定及其在遗传学中的应用。

二、实验原理

甲基磺酸乙酯（EMS）是一种常用的化学诱变剂，通常带有1个或多个活性烷基，该基团能够转移到电子密度高的碱基上，发生烷化作用，置换出氢原子，改变氢键的能力，从而使DNA的结构发生变化，进而诱发产生高密度的系列等位基因点突变。

EMS的诱变作用主要表现为嘌呤和嘧啶的转换。在DNA的鸟嘌呤N7位置上，氢离子被烷基取代后，成为一个带正电荷的季铵基团，易发生两种遗传效应：一是发生转换型的突变，烷化的鸟嘌呤不再与胞嘧啶配对而与胸腺嘧啶配对，从而造成G≡C碱基对变为A=T碱基对，EMS诱变大部分为这种情况；二是发生置换型突变。烷基活化的鸟嘌呤，由于糖苷键断裂造成脱嘌呤，原来鸟嘌呤的位置成了一个空位，DNA 分子在进一步复制时，4 种碱基都有可能进入其互补位置上，从而造成 DNA 的突变。但这种现象发生的可能性比较小。此外，EMS 还可以与糖苷结构的磷酸反应，造成核苷的断裂，产生染色体缺失。

三、实验材料

水稻‘明恢 63’（*Oryza sativa* Minghui 63，$2n=24$）的种子。

四、实验用品

1. 仪器用具 电子天平、光照培养箱、玻璃烧杯、量筒、乳胶手套等。

2. 药品试剂 甲基磺酸乙酯等。

3. 试剂配制 0.5%甲基磺酸乙酯：称量 0.5g EMS，先用少量无水乙醇溶解，再加入 100mL 蒸馏水充分混匀。

五、实验步骤

1）称量 0.5kg 水稻种子放置在纱网种子袋中，将其放置在 1L 的烧杯中。

2）配制 300mL 0.5%的甲基磺酸乙酯，倒入盛放水稻种子的烧杯中，甲基磺酸乙酯溶液要没过种子。

3）在 32℃条件下浸种 24h，取出种子用蒸馏水洗 3 次，然后继续在 32℃条件下催芽至露白（24h 左右），获得 M_0 诱变种子。注意：甲基磺酸乙酯是一种致癌物质，在配制过程中，要佩戴防水型乳胶手套，并在通风橱中进行，以防止皮肤直接接触。处理过种子的甲基磺酸乙酯废液用 5%硫代硫酸钠作终止剂和解毒剂。

4）用清水反复冲洗露白的水稻种子 5～8 次，播种到水稻秧田中。

5）4 叶期的秧苗单株插在 1 亩①本田中，10 株 1 行，株行距为 17cm×26cm，走道为 40cm，本田秧苗 12 000 株。

6）成熟后单株收种，获得 M_1 诱变种子，记为 EM1～EM12000。

7）将 M1 诱变种子种植在秧田中，播种量为 40 粒左右，4 叶期移栽至本田，每个株系种植 20 株，10 株 1 行，株行距为 17cm×26cm，走道为 40cm。

8）表型观察分 4 个时期进行，1 为苗期，2 为分蘖期，3 为开花期，4 为灌浆成熟期，记录突变单株的株系坐标（EM?-*x*-*y*：？表示株系号，*x* 表示行号，*y* 表示第 *x* 行的第几株），成熟后收种，即得突变体。

六、作业

1. M1 种子为什么要单株收获？

2. 分别在苗期、分蘖期、开花期和灌浆成熟期统计表型，并将单株结果填于表 6.2。成熟后收获具有表型的单株种子，并进行相应的编号。例如，第 2 行第 6 列矮化单株记为 2-6，即原始编号。

---

① 1 亩≈666.7m^2

表 6.2 4 个时期单株表型观察统计结果

行	列									
	1	2	3	4	5	6	7	8	9	10
1										
2						矮化				
3										
…										

实验十九 微核的诱发、观察和分析

一、实验目的

了解微核测定的意义，学习微核测定的方法。

二、实验原理

微核（micronucleus，MCN）也称卫星核，是真核生物细胞中的一种异常结构，是染色体畸变的一种表现形式，在间期细胞中呈圆形、椭圆形或不规则形，游离于主核之外，着色与主核一致或稍浅，大小应在主核 1/3 以下。一般认为，微核是由有丝分裂后期无着丝粒的染色体断片或落后染色体产生的。这些无着丝粒的染色体断片或落后染色体在末期不能进入主核，便形成了主核之外的核块。当子细胞进入下一次分裂间期时，它们便浓缩成主核之外的小核，即微核。

微核往往是由各种物理化学因素如辐射、化学药剂对分裂细胞的作用而产生的。已经证实，微核率的大小与作用因子的剂量或辐射累积效应呈正相关，这一点与染色体畸变的情况一样。微核测试可用于辐射损伤、辐射防护、新药试验、染色体遗传疾病及癌症早期诊断等各方面。由于大量新的化合物的合成、原子能和射线的应用及各种各样工业废物的排出，人们需要一套高度灵敏、技术简单的测试系统来检测或监测环境的变化，推测其对人类和其他生物的遗传影响。微核测试就是一种比较理想的方法。

蚕豆有 6 对较大的染色体，根尖分裂象细胞较多，非常适合显微观察。目前，蚕豆根尖细胞微核技术具有较高的灵敏性和可靠性，在环境致突变性检测或监测方面已经形成了一套完整的体系。在蚕豆根尖细胞微核测试中，监测样品的污染程度可采用污染指数（PI）判断。

$$\mathrm{PI}=\frac{\text{测试样品的微核千分率（MCN‰）}}{\text{对照组的微核千分率（MCN‰）}}$$

$$\mathrm{MCN‰}=\frac{\text{某测试样品（或对照组）观察到的MCN数}}{\text{某测试样品（或对照组）观察到的细胞数}}\times 1000‰$$

根据《全国生物技术监测规范——蚕豆根尖微核技术》规定的污染指数划分标准，污染指数与样品污染等级的关系如表 6.3（凡数值在上限时定为上一级污染）所示。

表 6.3　污染指数与样品污染等级的关系

污染指数	样品污染等级
0～1.5	基本无污染
1.5～2.0	轻度污染
2.0～3.5	中度污染
3.5 以上	重度污染

三、实验材料

蚕豆（*Vicia faba*，$2n=12$）。

四、实验用品

1. 仪器用具　显微镜、恒温培养箱、恒温水浴锅、培养皿、镊子、剪刀、载玻片、盖玻片、烧杯、纱布、白瓷盘、滤纸等。

2. 药品试剂　卡诺固定液Ⅰ、1mol/L 盐酸、改良苯酚品红染液、0.4mg/mL 环磷酰胺溶液等。

3. 试剂配制

1）卡诺固定液Ⅰ的配制：参见“实验一染色体标本片生物材料的准备”部分。

2）1mol/L 盐酸的配制：参见“实验二压片法制备染色体标本片”部分。

3）改良苯酚品红染液的配制：参见“实验二压片法制备染色体标本片”部分。

4）0.4mg/mL 环磷酰胺溶液：量取 10mL 蒸馏水，加入装有环磷酰胺的药物瓶（200mg/瓶）中，摇荡溶解直至溶液呈完全清澈为止，取出加蒸馏水稀释成 0.4mg/mL 环磷酰胺溶液。

五、实验步骤

1. 浸种催芽　将适量蚕豆种子放入盛水烧杯中，在 25℃条件下浸泡 24h，此期间至少换水 2 次。种子吸胀后，用纱布松散包裹置白瓷盘中，保持湿度。在 25℃条件下催芽 12～24h，待初生根长 2～3mm 时，取发芽良好的种子，放入铺满滤纸的瓷盘中，在 25℃条件下继续催芽，经 36～48h，大部分初生根长至 1～2cm，此时可用来进行实验。

2. 检测因子和对照处理　选取初生根生长良好、根长一致的 10 粒种子，放入盛有 0.4mg/mL 环磷酰胺溶液的培养皿中，在 25℃条件下培养 6～12h，环磷酰胺溶液浸没根尖即可。对照处理在培养皿中加自来水或蒸馏水。

3. 根尖恢复培养　处理后的种子用自来水（或蒸馏水）浸洗 3 次，每次 2～3min。洗净后再放入铺有湿润滤纸的瓷盘中，在 25℃条件下再恢复培养 22～24h。

4. 固定　将恢复培养后的种子，从根尖顶端切下长 1cm 的幼根，用卡诺固定液Ⅰ固定 24h。固定后的根如不及时制片，可换入 70%的乙醇溶液中置 4℃冰箱中保存备用。

5. 制片观察　用蒸馏水浸洗固定好的幼根 2 次，每次 5min，吸净蒸馏水，用

1mol/L 盐酸在 60℃条件下解离 10min 左右。

解离软化后的幼根用蒸馏水浸洗 3 次，每次 1～2min。截下 1～2mm 长的根尖，滴加改良苯酚品红染液，染色 5～8min，捣碎根尖后加盖玻片，压片观察。

每一处理观察 3～5 个根尖，每个根尖观察 1000 个左右的细胞，统计其中含微核的细胞数，计算各根尖的微核千分率（MCN‰），平均后即为该处理的 MCN‰。

六、作业

1．绘制观察到的含有微核的细胞简图。
2．根据观察统计结果填写表 6.4，评判检测物的污染程度。

表 6.4　蚕豆根尖细胞微核检测统计表

根尖	实验组					对照组				
	1	2	3	4	5	1	2	3	4	5
含微核细胞数										
观察细胞总数										
MCN‰										
平均 MCN‰										
污染指数										

实验二十　大肠杆菌营养缺陷型的诱导和筛选

一、实验目的

1．了解应用物理、化学因素对微生物进行诱变的方法。
2．掌握诱变产生的营养缺陷型菌株的筛选鉴定技术。

二、实验原理

用某些物理因素或化学因素处理细菌，可诱发基因突变。有的突变型细菌丧失合成某一物质（如氨基酸、维生素、核苷酸等）的能力，不能在基本培养基上生长，必须补充相应的物质才能生长，这样的突变型菌株称为营养缺陷型菌株。获得营养缺陷型菌株需要经过以下几个步骤：诱变处理、淘汰野生型、缺陷型检出和鉴定。

诱变处理首先是选择诱变剂，诱变剂可分为物理诱变剂和化学诱变剂两类。物理诱变剂包括 X 射线、γ 射线、紫外线、快中子等。紫外线是微生物诱变中最常用的物理诱变剂。常用的化学诱变剂有甲基磺酸乙酯、亚硝酸等。诱变处理时，一般要求微生物处于对数生长期，为分布均匀的单核单细胞或单孢子悬浮液。这样可以使微生物对诱变剂的反应最灵敏，避免出现不纯的菌落。诱变处理必须选择合适的剂量，不同微生物的最适处理剂量不同，须经预备实验确定。诱变剂量分为绝对剂量和相对剂量，一般用相对剂量。物理诱变的相对剂量与三个因素有关：诱变源和处理微生物的距离、诱变源（紫外线灯）的功率、处理时间，往往通过处理时间控制诱变剂量。化学诱变剂的相对剂量与诱变剂的浓度、处理温度和处理时间三个因素有关，一般通过处理时间来控制诱变剂量。

经处理后的细菌，缺陷型所占的比例相当小，必须设法淘汰野生型细胞，提高营养缺陷型细胞所占的比例，浓缩缺陷型细胞。浓缩缺陷型的方法有青霉素法、菌丝过滤法、差别杀菌法和饥饿法等，这些方法适用于不同的微生物。比如，放线菌和霉菌可用菌丝过滤法，其野生型孢子可在基本培养液中萌发而长成菌丝，缺陷型的孢子则不能长成菌丝，因此把经诱变处理的孢子在基本培养液中多次短时间培养和过滤，就可以把缺陷型孢子充分浓缩出来。细菌中常用的浓缩法是青霉素法。青霉素是杀菌剂，只杀死生长细胞，对不生长的细胞没有致死作用。所以在含有青霉素的基本培养基中野生型能生长而被杀死，缺陷型不能生长，可被保存并得以浓缩。

缺陷型检出的方法有逐个测定法、夹层培养法和影印培养法等。

逐个测定法：把经过浓缩的缺陷型菌液接种在完全培养基上，待长出菌落后将每个菌落分别接种在基本培养基和完全培养基上。凡是在基本培养基上不能生长而在完全培养基上能生长的菌落就是营养缺陷型。

夹层培养法：先在培养皿底倒一层不含细菌的基本培养基，待凝固后加一层含菌的基本培养基，冷凝后再加一层不含菌的基本培养基。经培养出现菌落后，在培养皿底对菌落做标记，然后加一层完全培养基，再经培养后出现的菌落多数是营养缺陷型。

影印培养法：将经过处理的细菌涂布接种在完全培养基的表面，待出现菌落后，用灭菌丝绒将菌落影印接种到基本培养基表面。待菌落出现后，比较两支培养皿，凡在完全培养基上出现而在基本培养基同一位置上不出现的菌落初步断定是一个营养缺陷型。

经初步确定为营养缺陷型的菌株可进一步用生长谱法进行缺陷型鉴定，即在同一培养皿上测定一个缺陷型对多种化合物的需要情况。

三、实验材料

大肠杆菌（*Escherichia coli*）K12SF$^+$菌株。

四、实验用品

1. 仪器用具　离心机、紫外线照射箱、冰箱、恒温箱、高压灭菌锅、三角烧瓶、试管、离心管、移液管、培养皿、接种针等。

2. 药品试剂　20 种基本氨基酸和 7 种维生素（硫胺素、核黄素、吡哆醇、泛酸、对氨基苯甲酸、烟碱酸、生物素）、嘌呤、嘧啶、亚硝酸钠、青霉素钠盐、冰醋酸、乙酸钠（$CH_3COONa \cdot 3H_2O$）、氢氧化钠（NaOH）、硫酸镁（$MgSO_4 \cdot 7H_2O$）、氯化钠（NaCl）、磷酸二氢钾（KH_2PO_4）、磷酸氢二钾（K_2HPO_4）、柠檬酸钠（$Na_3C_6H_5O_7 \cdot 3H_2O$）、蔗糖、葡萄糖、牛肉膏、蛋白胨、琼脂等。

3. 试剂和培养基配制

（1）0.1mol/L 乙酸缓冲液（pH＝4.6）

A 液：取 11.55mL 冰醋酸，加蒸馏水至 100mL。

B 液：称取 27.29g $CH_3COONa \cdot 3H_2O$，加蒸馏水至 100mL。

取25mL A液和24.5mL B液，加50mL蒸馏水，调pH至4.6，在1.15×10^5Pa、120℃条件下灭菌15min。

（2）0.1mol/L NaOH　量取2.8mL 50% NaOH澄清液，用无CO_2的蒸馏水（新煮沸冷却的蒸馏水）稀释至500mL，倒入干净的细口瓶中，用橡皮塞塞紧。

（3）生理盐水的配制　参见“实验八果蝇唾腺染色体的制片与观察”部分。

（4）混合氨基酸（包括核苷酸）　共分为7组，其中第Ⅰ到第Ⅵ组各有6种氨基酸（包括核苷酸），每种氨基酸（包括核苷酸）等量研细充分混合；第Ⅶ组为脯氨酸，因容易潮解，故单独组成。

Ⅰ：赖氨酸、精氨酸、甲硫氨酸、半胱氨酸、胱氨酸、嘌呤。

Ⅱ：组氨酸、精氨酸、苏氨酸、谷氨酸、天冬氨酸（或甘氨酸）、嘧啶。

Ⅲ：丙氨酸、甲硫氨酸、苏氨酸、羟脯氨酸、甘氨酸、丝氨酸。

Ⅳ：亮氨酸、半胱氨酸、谷氨酸、羟脯氨酸、异亮氨酸、缬氨酸。

Ⅴ：苯丙氨酸、半胱氨酸、天冬氨酸、甘氨酸、异亮氨酸、酪氨酸。

Ⅵ：色氨酸、嘌呤、嘧啶、丝氨酸、缬氨酸、酪氨酸。

Ⅶ：脯氨酸。

（5）混合维生素　把硫胺素、核黄素、吡哆醇、泛酸、对氨基苯甲酸、烟碱酸及生物素等量研细，充分混合即可。

（6）肉汤液体/固体培养基　称取0.5g牛肉膏、1g蛋白胨、0.5g NaCl，加入100mL蒸馏水，调pH至7.2，在1.15×10^5Pa、120℃条件下灭菌15min。固体培养基加入2g琼脂。

（7）2E肉汤液体培养基　称取0.5g牛肉膏、1g蛋白胨、0.5g NaCl，加入50mL蒸馏水，调pH至7.2，在1.15×10^5Pa、120℃条件下灭菌15min。

（8）基本固体培养基　称取2g葡萄糖、2g琼脂，加入100mL蒸馏水，调pH至7.0，在1.15×10^5Pa、120℃条件下灭菌30min。

（9）基本液体培养基　称取2g葡萄糖，加入100mL蒸馏水，调pH至7.0，在1.15×10^5Pa、120℃条件下灭菌30min。

（10）无N基本液体培养基　称取0.7g K_2HPO_4、0.2g KH_2PO_4、0.5g $Na_3C_6H_5O_7\cdot3H_2O$、0.01g $MgSO_4\cdot7H_2O$、2g葡萄糖，加入100mL蒸馏水，调pH至7.0，在1.15×10^5Pa、120℃条件下灭菌30min。

（11）2N基本液体培养基　称取0.7g K_2HPO_4、0.3g KH_2PO_4、0.5g $Na_3C_6H_5O_7\cdot3H_2O$、0.01g $MgSO_4\cdot7H_2O$、0.2g $(NH_4)_2SO_4$、2g葡萄糖，加入100mL蒸馏水，调pH至7.0，在1.15×10^5Pa、120℃条件下灭菌30min（高渗青霉素法需在2N基本液体培养液中加20%蔗糖和0.2% $MgSO_4\cdot7H_2O$）。

五、实验步骤

1. 菌液制备

（1）菌体的活化与培养　实验前14～16h，挑取少量K12SF$^+$菌，接种于盛有5mL肉汤培养液的锥形瓶中，在37℃条件下培养过夜。第二天添加5mL新鲜的肉汤培养液，充分混匀后，分装至 2 个锥形瓶，继续培养 5h。

（2）收集菌体　将 2 个锥形瓶中的菌液分别倒入离心管中，3500r/min 离心 10min，弃上清液，其中一个离心管吸入 5mL 生理盐水，打匀沉淀，然后倒入另一离心管，两管并成一管。

2. 诱变处理

（1）紫外线诱变法

1）处理前先开紫外线灯（15W）稳定 30min。

2）吸取 3mL 菌液于培养皿内，置于紫外线灯下，距灯管 28.5cm 处，先连盖在紫外线灯下灭菌 1min，然后开盖处理 1min（处理时间依 70%的杀菌率而定）。照射后先盖上皿盖，再关紫外线灯。

3）吸取 3mL 2E 肉汤培养液，注入处理后的培养皿中，在 37℃恒温箱内避光培养 12h 以上。

（2）亚硝酸诱变法

1）吸取 1mL 菌液于离心管内，冰水浴 1h，制成静止细胞。

2）在 5mL pH 4.6 的乙酸缓冲液中加入亚硝酸钠 13.8mg，制成诱变液。在 37℃条件下诱变处理 5～8min。

3）用 0.1mol/L NaOH 中和至 pH 7.0，终止亚硝酸的作用。

3. 淘汰野生型（青霉素法）

1）吸取 5mL 处理菌液于灭菌离心管中，3500r/min 离心 10min。

2）弃上清液，加入生理盐水，打匀沉淀，离心洗涤 3 次，加生理盐水至原体积。

3）吸取 0.1mL 菌液于 5mL 无 N 基本培养液中，在 37℃条件下培养 12h。

4）加入等体积 2N 基本培养液（含 20%蔗糖和 0.2% $MgSO_4 \cdot 7H_2O$），加入青霉素钠盐使其最终浓度约为 1000 单位/mL，置 37℃恒温箱中培养。

5）培养 12h、16h、24h 时分别取 0.1mL 菌液，倒入 2 个灭菌的培养皿中，再分别倒入已经熔化并冷却至 40～50℃的基本及完全培养基中，摇匀放平，待凝固后，置 37℃恒温箱中培养（在培养皿上注明取样时间）。

4. 营养缺陷型的检出（逐个测定法）

1）以上平板培养 38～48h 后，进行菌落计数。选用完全培养基上长出的菌落数大大超过基本培养基的那一组，用接种针挑取完全培养基上长出的菌落 80 个，分别先点种基本培养基平板，后点种完全培养基平板，置 37℃恒温箱中培养。

2）培养 12h 后，选取在基本培养基上不生长，而在完全培养基上生长的菌落，然后在基本培养基的平板上划线，置 37℃恒温箱培养。24h 后不生长的可能是营养缺陷型。

5. 生长谱鉴定

（1）突变菌株的培养与收集

1）将可能是缺陷型的菌落接种于盛有 5mL 肉汤培养液的离心管中，在 37℃条件下培养 14～16h。

2）培养后，3500r/min 离心 10min，弃上清液，加生理盐水，打匀沉淀，然后离心洗涤 3 次，最后加生理盐水到原体积。

（2）营养缺陷型的鉴定（生长谱法）

1）吸取经离心洗涤的1mL菌液注入一个灭菌的培养皿中，然后倒入已经熔化并冷却至40～50℃的基本培养基中，摇匀放平，待凝固后，共做2支培养皿。

2）将2支培养皿底等分为8格并标记，依次放入混合氨基酸（包括核苷酸）、混合维生素和脯氨酸（加量要很少，否则会抑制菌的生长），然后置于37℃恒温箱培养24～48h。观察生长圈，当某一格内出现圆形混浊的生长圈时，就说明是某一氨基酸、维生素或核苷酸的缺陷型。

六、作业

1. 将经诱变处理，并在含青霉素的培养基中培养了12h、16h、24h后，涂布于基本及完全培养基中菌落的生长情况填入表6.5。

表6.5　不同诱变方法、浓缩培养不同时间后在不同培养基上生长的菌落数目

诱变方法	培养基	菌落数/培养皿		
		12h	16h	24h
紫外线诱变	完全培养基			
	基本培养基			
亚硝酸诱变	完全培养基			
	基本培养基			

2. 观察培养皿中的生长圈出现在哪一区，说明是何种类型的营养缺陷型。

第四篇

分子遗传学实验模块

第七章 分子遗传学实验基础知识

第一节 分子遗传学实验的理论基础

分子遗传学（molecular genetics）是分子生物学与遗传学结合形成的交叉学科，是在分子水平上研究基因的结构与功能、生物遗传与变异机制的遗传学分支学科。这里的分子水平指的是那些携带遗传信息的核酸和在遗传信息传递及细胞内、细胞间通信过程中发挥着重要作用的蛋白质等生物大分子。自 1953 年美国分子遗传学家 Waston 和英国分子生物学家 Crick 提出“DNA 分子结构的双螺旋模型”开启分子遗传学研究开端，到 21 世纪 PCR 技术建立、DNA 测序方法建立、核酶发现、基因重组技术发展、基因治疗技术发展及人类基因组计划实施的半个多世纪以来，分子遗传学得到了迅猛发展，使遗传学面貌为之一新，为遗传学扩充了一系列新的理论和技术方法，并进一步完善了生命遗传现象及其本质的知识体系。

分子遗传学不同于经典遗传学。经典遗传学主要研究遗传因子在各世代的分布情况，研究课题主要是基因在亲代和子代之间的传递问题；而分子遗传学则着重研究遗传信息大分子在生命系统中的储存、复制、表达及调控过程。

分子遗传学不是研究核酸及其衍生物（蛋白质）的生物化学。分子遗传学的研究对象是分子水平上的生物学过程——遗传及变异的过程。它研究的是动态的生命过程，而不是在试管里或电泳仪上孤立地研究生物大分子的结构与功能的简单的因果关系。要真正地在分子水平上了解遗传及变异的本质，仅仅研究核酸或蛋白质的生物化学是不够的。

分子遗传学不等于中心法则的演绎。中心法则是 DNA 和 RNA 的复制与转录及 RNA 的翻译，而分子遗传学的研究范畴（图 7.1）在中心法则的基础上将进一步深入，要比中心法则更加广泛，更加深刻。从中心法则到性状的形成，仍是一个复杂的生物学过程，这不是中心法则所能解释清楚的，需要由分子遗传学解释。

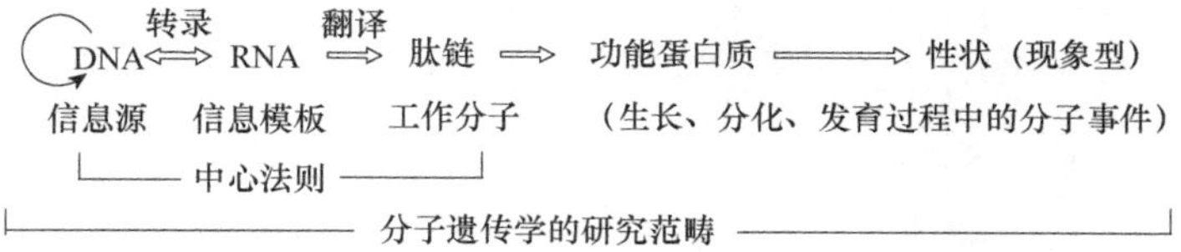

图 7.1 分子遗传学的研究范畴

一、DNA 的复制、基因转录与翻译

早在 1953 年 Waston 和 Crick 建立 DNA 双螺旋模型时，就提出了 DNA 复制的假说。DNA 复制发生在细胞分裂以前，其过程中双螺旋 DNA 的两条母链彼此分离，并分别以一条母链为模板，利用细胞中的脱氧核糖核苷酸（或称脱氧核苷酸），按照碱基互补配对原则合成一条子代 DNA 链，经过一次复制，形成结构完全相同的两个 DNA 双螺旋分子。实际

上，DNA 复制过程非常复杂，通常要在特定的位置起始，然后细胞中以高度压缩状态存在的 DNA 需要解开超螺旋、双螺旋链，解开的单链 DNA 需要维持在稳定的状态，这个过程通过边解旋、边复制和半保留复制机制得以顺利完成（图 7.2）。DNA 的复制具有高度的保守性，并且需要多种酶和蛋白因子的参与。

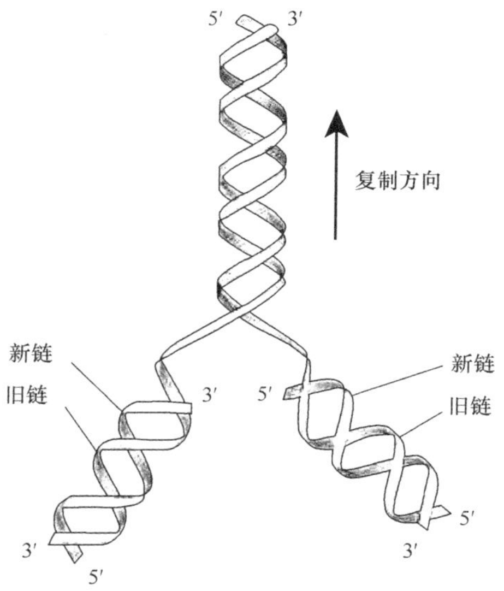

图 7.2 DNA 复制过程

基因转录在细胞核和细胞质内进行，是遗传信息从 DNA 流向 RNA 的过程（图 7.3），即以双链 DNA 中确定的一条链（模板链用于转录，编码链不用于转录）为模板，以 ATP、CTP、GTP、UTP 四种核苷三磷酸（NTP）为原料，在 RNA 聚合酶的催化下合成 RNA［mRNA 及非编码 RNA（tRNA、rRNA 等）］的过程。在转录过程中，DNA 模板的转录方向是从 3′ 端向 5′ 端；RNA 链的合成方向是从 5′端向 3′端。RNA 的转录过程一般分为两步，第一步是合成原始转录产物（过程包括转录的启动、延伸和终止）；第二步是转录产物的后加工，使无生物活性的原始转录产物转变成有生物功能的成熟 RNA。转录与 DNA 的复制相比，有很多相同或相似之处，也有其自已的特点。在体内，转录是基因表达的第一阶段，并且是基因调节的主要阶段。转录可产生 DNA 复制的引物，在逆转录病毒感染中也起到重要作用。

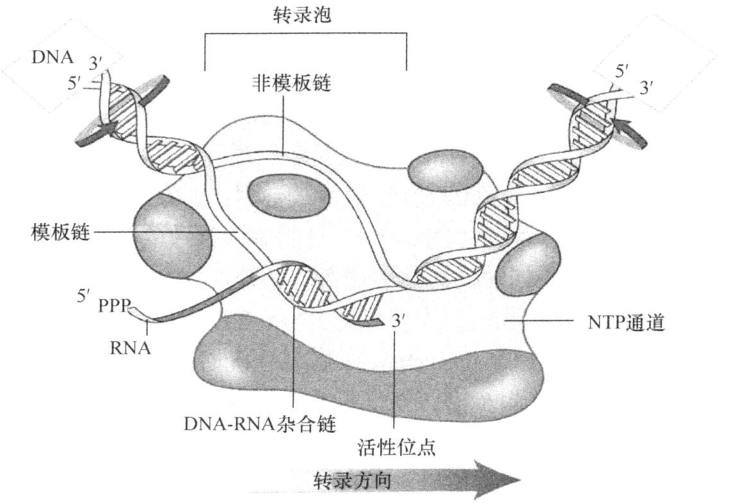

图 7.3 基因转录过程

蛋白质的翻译主要在细胞质内的核糖体中进行，核糖体在 mRNA 上快速移动完成肽链的合成（图 7.4）。在翻译过程中，mRNA 作为翻译的模板，tRNA 将氨基酸运到核糖体上并由反密码子识别 mRNA 上的遗传密码，然后由核糖体完成肽链的合成。总而言之，翻译的过程大致可分为三个阶段：起始、延伸、终止。原核细胞中蛋白质的翻译和 mRNA 的转录是偶联的；而在真核生物细胞中，mRNA 加工成熟通过核孔转运到细胞质后在游离核糖体或粗糙内质网中合成，合成的蛋白质经过翻译后修饰等过程，再转运到特定的位置发挥相应的功能。在此过程中有 20 种以上的氨酰-tRNA 合成酶（AA-tRNA 合成酶），50 种 tRNA，多种 rRNA，10 多种参与合成中起始、延伸、终止的蛋白因子及 100 多种翻译后修饰因子参与。

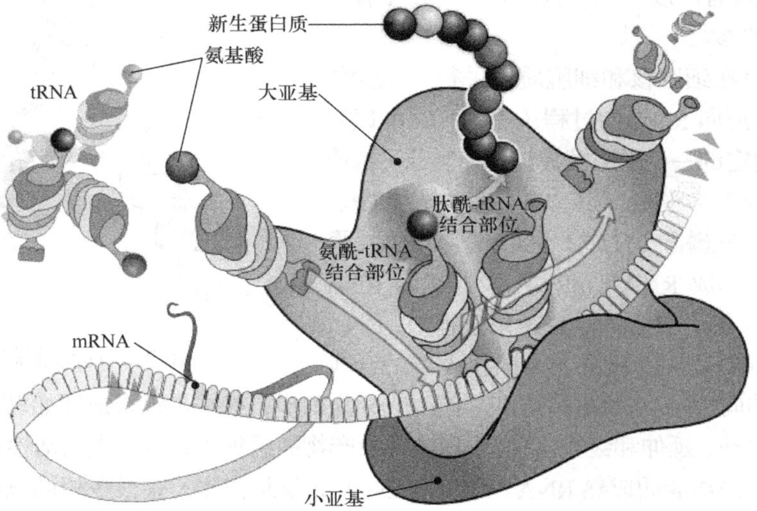

图 7.4　蛋白质翻译过程

二、DNA 突变、修复与重组

DNA 突变是指生物体的 DNA 序列或结构发生的不可逆转的改变，又称为 DNA 损伤（DNA damage）。DNA 突变可分为两大类：DNA 序列发生改变即碱基的改变，包括单碱基改变和 DNA 片段改变；DNA 螺旋结构发生改变即双螺旋结构的异常扭曲，包括 DNA 螺旋的紧密程度、双螺旋的直径、螺旋的方向、氢键的数目、电荷数等参数的改变。引起 DNA 突变的原因有内因和外因，内因是由 DNA 分子复制错误导致的个体 DNA 损伤；外因是指外部环境中的一些不利因素（如射线、化学诱变试剂等）。DNA 作为遗传物质必须具有高度稳定的特性。当发生 DNA 损伤时，为了保持 DNA 的稳定性，生物在长期进化过程中形成了一套 DNA 损伤修复系统（repair system），修复系统通过识别和校正 DNA 所发生的损伤以维持其高度稳定的特性。DNA 损伤修复系统主要有 5 种，即直接修复、切除修复、错配修复、重组修复和 SOS 反应。未被修复的损伤是导致生物体基因突变的根本原因。对生物体而言，DNA 突变通常是遗传物质变异的根本原因。它常常是有害的，但也有极少部分突变有利于生物体的生存和发展，这类突变对生物的进化具有重要意义。

DNA 重组（DNA recombination）是指 DNA 分子内或分子间发生的遗传信息的重新共价组合过程，其不仅在减数分裂（meiosis）和体细胞核基因中发生，也在线粒体基因和叶绿体基因中发生，在生物遗传多样性的维持和进化中发挥着重要作用。无论是高等真核生物，还是低等的细菌、病毒，均存在 DNA 重组现象。根据对 DNA 序列和所需蛋白质因子的要求，把 DNA 重组分为 3 种类型：同源重组（homologous recombination）、位点专一性重组（site-specific recombination）和转座重组（transposition recombination）。这些不同重组类型的共同特征是两条 DNA 分子间的物质交换，但是发生的机制却有所不同：同源重组发生在 DNA 的同源序列之间，严格依赖 DNA 分子之间的同源性；位点专一性重组是直接在专一序列之间配对而发生的重组，其过程中必须有位点专一性的蛋白质因子参与催化；转座重组是依赖 DNA 的交错剪切和复制，使转座单元从染色体的一个区域转移到另一个区域的过程。

三、基因表达调控

基因的表达是指由核酸（主要是 DNA）所编码的遗传信息，经转录传递给 RNA 和（或）经翻译传递给蛋白质的过程，该过程受到了精细地调控，以维持个体的正常功能。由于细胞结构的差异，原核生物和真核生物基因表达的调控机制不同，相同的是均在 DNA 水平、转录水平和翻译水平上进行调控。

在原核生物的基因表达调控中，转录水平的调控是最主要的。在转录调控方面，有使用不同 σ 因子进行的调控，以操纵子方式进行的转录调控是一种重要的调控方式。真核生物由于具有由膜包被的细胞核，其基因的转录和翻译分别在细胞核和细胞质中进行，基因表达的调控比原核生物更复杂。DNA 水平上的调控包括基因扩增、基因重排（包括酵母交配型的转换和免疫球蛋白的多样性）。转录水平的调控涉及启动子、增强子、沉默子和绝缘子等顺式作用元件和反式作用因子。真核生物的 RNA 转录本在翻译前需要进行一系列的加帽、加尾和去掉内含子等加工过程，可通过可变剪接、反式剪接和 RNA 编辑进行转录后水平的调控。翻译水平的调控主要是在翻译过程的起始阶段，其中包括全局调控（主要涉及蛋白质合成数量的整体变化，对所有 mRNA 的翻译都有影响）和转录物专一性调控。mRNA 的稳定性、3′和 5′非翻译区的序列及翻译起始因子的磷酸化等均影响基因的表达水平。蛋白质翻译后的加工过程中还有一系列的调控机制，主要包括新生肽链的剪接、肽链的折叠、蛋白质交换等。

总之，基因的表达调控是分子遗传学中重要的一部分，是基因功能分析的重要方面，性状的变异、复杂疾病的遗传分析等均离不开对相关基因表达调控的分析。基因表达在基因的组织形式、转录、转录后、翻译和翻译后等水平均可能被调控。

四、分子遗传学研究的拓展

近几年，随着转录组学、蛋白质组学、大规模测序技术及新的分子遗传学技术的发展，分子遗传学的研究内容已不局限于中心法则，更关注于各种生命现象的分子遗传机制的研究和探索。例如，中国科学院遗传与发育生物学研究所李家洋研究组在新型植物激素独脚金内酯的信号通路分子遗传机制研究方面取得了新进展（图 7.5），他们克隆了水稻理想株型的主效基因 *IPA1*（*ideal plant architecture 1*），证明其编码一个含有 SBP-box 结构域的转录因子，调控多个生长发育过程，对水稻产量具有重要影响，且在育种中增产效果显著。同时，他们鉴定了独脚金内酯信号通路中关键的负调控因子 Dwarf 53（D53），解析了独脚金内酯信号转导的“去抑制化激活”机制。最新的研究表明，IPA1

功能缺失突变体表现出分蘖数增多的表型，且对外源施加的独脚金内酯人工合成类似物rac-GR24不敏感。D53蛋白可直接与IPA1蛋白相互作用，抑制IPA1的转录激活活性，从而抑制下游基因的表达。此外，还发现IPA1能直接结合D53的启动子并激活D53基因的表达，从而形成负反馈调节。该研究结果揭示了IPA1就是长期寻找的D53下游的转录因子，参与独脚金内酯信号途径，并直接受到D53的调控。此外，植物抗病、抗逆、叶色突变、衰老、杂交优势分子遗传机制的研究也取得了长足进展，有利于利用分子辅助育种对植物性状进行改良。

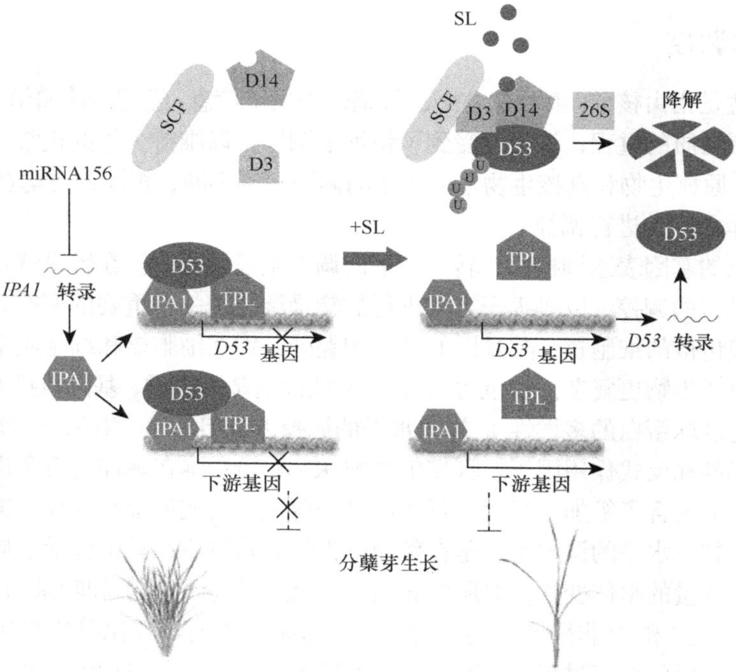

图7.5 *IPA1*介导的独脚金内酯信号途径

第二节 分子遗传学的研究方法

分子遗传学已经渗入许多生物学分支学科中，其研究方法也已经成为许多遗传学分支学科的重要研究方法。以遗传工程为主导的分子遗传学研究技术，在揭示生命的奥秘、定向改造生物、操纵生命等方面做出了巨大的贡献。分子遗传学研究技术的发展也推动着遗传学的发展。例如，经典遗传学是采用正向遗传学（forward genetics）的方法，即由表型到基因型，利用图位克隆的手段通过表型性状的遗传变异特征研究其基因型，获得基因的遗传变异规律。随着分子遗传学技术和方法的发展，在分子水平上直接对候选目标基因序列进行遗传分析，通过遗传重组（genetic recombination）或定向诱变（directed mutagenesis）技术有目的、精确地改造基因结构，进而寻找表型性状的改变，这种由基因型到表型的分析方法与经典遗传学方法刚好相反，称为反向遗传学（reverse genetics）方法。

一、DNA、RNA 和蛋白质的操作技术

（一）DNA 重组技术

DNA 重组技术（DNA recombinant technique）又称遗传工程，是现代分子生物技术的重要组成部分，是 20 世纪 70 年代初发展起来的一门新兴技术，是指在体外将核酸分子插入病毒、质粒或其他载体分子，构成遗传物质的新组合并掺入原先没有这类分子的寄主细胞内，而且能持续稳定地繁殖和表达的技术。从实质上讲，DNA 重组技术具有两个特征，第一个是它将新组合的外源 DNA 引入一种新的受体生物中进行繁殖，第二个是一种确定的 DNA 小片段能在新的受体细胞中进行扩增。正是由于 DNA 重组技术具备这两个特征，才能够制备大量纯化的 DNA 片段，从而拓展了分子生物学的研究领域，包括核苷酸的序列测定、位点特异的突变形成，以及以确保所编码的多肽链能够在寄主细胞中实现高水平表达为目的的基因序列操作等。

DNA 重组能否成功主要取决于基因的来源、基因本身的性质和该项遗传工程的目的，它以限制性内切核酸酶、DNA 连接酶等酶和质粒载体、噬菌体载体、Ti 质粒、人工染色体等载体为工具，其基本操作过程为：①获得目的基因；②与克隆载体连接，形成新的重组 DNA 分子；③用重组 DNA 分子转化受体细胞，并能在受体细胞中复制和遗传；④对转化子进行筛选和鉴定；⑤通过对获得外源基因的细胞或生物体进行培养，获得所需的遗传性状或表达出所需要的产物；⑥对目的基因进一步研究分析，并设法使之实现功能蛋白的表达。

（二）DNA 基本操作技术

DNA 基本操作技术主要有电泳、DNA 分子的切割与连接、细胞转化、核酸序列分析，以及 DNA 的人工合成、表达、定点突变和 PCR 扩增等。这些分子操作技术不仅是基因克隆的基础，也是研究生物化学、基因结构、基因表达调控的基础。

1. 电泳　琼脂糖或聚丙烯酰胺凝胶电泳是分离鉴定和纯化 DNA 片段的标准方法。该技术操作简便快速，可以分辨用其他方法（如密度梯度离心法）所无法分离的 DNA 片段。当用低浓度的荧光嵌入染料溴化乙锭（ethidium bromide，EB）染色时，在紫外线下至少可以检出 10ng 或量更少的 DNA 条带，从而可以确定 DNA 片段在凝胶中的位置。此外，还可以从电泳后的凝胶中回收特定的 DNA 条带，用于以后的克隆操作。

琼脂糖和聚丙烯酰胺可以制成各种形状、大小和孔隙度的凝胶。琼脂糖凝胶分离 DNA 片段的范围较广，不同浓度的琼脂糖凝胶可分离长度从 20kb 至近 50kb 的 DNA 片段。琼脂糖凝胶通常用水平装置在强度和方向恒定的电场下电泳。聚丙烯酰胺分离小片段 DNA（5～500bp）的效果较好，其分辨率极高，甚至相差 1bp 的 DNA 片段都能分开。聚丙烯酰胺凝胶电泳很快，可容纳相对大量的 DNA，但制备和操作比琼脂糖凝胶困难。聚丙烯酰胺凝胶采用垂直装置进行电泳，而琼脂糖凝胶则采用水平平板凝胶电泳装置进行 DNA 电泳。在电场中，在中性 pH 下带负电荷的 DNA 向阳极迁移，其迁移速率由下列多种因素决定：①DNA 的分子大小；②凝胶浓度；③DNA 分子的构象；④电源电压；

⑤嵌入染料的存在；⑥离子强度。

2．DNA分子的切割与连接 DNA分子的切割可以通过限制性内切核酸酶和超声打断的方式实现。酶具有一定的偏向性，可以根据酶切位点进行选择，而超声打断具有随机性。其中，限制性内切核酸酶是最常用的DNA分子切割手段，其工作原理是：限制性内切核酸酶能特异地结合于一段被称为限制性酶识别序列的DNA序列之内或其附近的特异位点上，并切割双链DNA。限制性内切核酸酶可分为三类：Ⅰ类酶和Ⅲ类酶在同一蛋白质分子中兼有切割和修饰（甲基化）作用，且依赖于ATP的存在。Ⅰ类酶结合于识别位点并随机切割识别位点不远处的DNA，而Ⅲ类酶在识别位点上切割DNA分子，然后从底物上解离。Ⅱ类酶由两种酶组成：一种为限制性内切核酸酶（限制性酶），它切割某一特异的核苷酸序列；另一种为独立的甲基化酶，它修饰同一识别序列。Ⅱ类酶中的限制性内切核酸酶在分子克隆中得到了广泛应用，它们是重组DNA的基础。绝大多数Ⅱ类限制性酶能识别长度为4～6个核苷酸的回文对称特异核苷酸序列（如*Eco*RⅠ识别6个核苷酸序列：5′-G↓AATTC-3′），有少数酶能识别更长的序列或简并序列。Ⅱ类酶切割位点在识别序列中，有的在对称轴处切割，产生平末端的DNA片段（如*Sma*Ⅰ：5′-CCC↓GGG-3′）；有的切割位点在对称轴一侧，产生带有单链突出末端的DNA片段称为黏性末端，如*Eco*RⅠ切割识别序列后产生两个互补的黏性末端。

DNA的连接只要黏性末端相吻合就可以实现，常用的是DNA连接酶、DNA聚合酶、重组酶和配套PCR产物。DNA连接酶主要用于基因工程，将由限制性内切核酸酶“剪”出的黏性末端重新组合，故也称为“基因针线”。其中运用最多的是T_4 DNA连接酶，其工作原理是催化两条DNA双链上相邻的5′磷酸基和3′羟基之间形成磷酸二酯键，可连接双链DNA的平末端、相容黏性末端及其中的单链切口。DNA聚合酶以其中一股DNA为模板，通过聚合反应形成磷酸双酯键（phosphodiester bond）来黏合DNA。但是DNA聚合酶的黏合过程只是聚合反应一个附带的功能，真正在细胞内起DNA黏合作用的主要还是DNA连接酶。

3．细菌转化与目标DNA分子的增殖 细菌转化（transformation）是指一种细菌菌株由于捕获了来自供体菌株的DNA而导致性状特征发生遗传改变的过程。提供转化DNA的菌株称为供体菌株，接受转化DNA的细菌菌株则称为受体菌株。通过细菌转化方法可以将体外构建好的杂种DNA分子导入宿主细胞中。外源DNA通过自身载体上的复制起始点进行复制增殖，能在宿主细胞中长期保存下来并能以完整的形式从细胞中分离纯化出来。例如，把肺炎双球菌RⅡ型无毒株和加热至60℃被杀死的SⅢ型有毒株，混合注射至小鼠体内，结果在小鼠体内出现了活的SⅢ型有毒株，致使小鼠患病死亡，并且这种具荚膜的有毒株能世代相传保持其特性。目前已发现在许多细菌中均能发生转化现象，转化成功率与某些因子密切相关。例如，受体菌处于感受态阶段可产生感受态因子，是接受外来DNA片段的最佳时期，而钙离子、电击等也可大大提高转化率。

（1）$CaCl_2$*法* 将快速生长期的大肠杆菌置于经0℃预处理的低渗$CaCl_2$溶液中，细胞膨胀，膜通透性改变，易与外源DNA相黏附。将该体系转移到42℃条件下做短暂的热刺激，外源DNA就可能被细胞吸收。将经过转化后的细胞置于选择性培养基上，筛选阳性克隆。转化效率可达到5×10^6～2×10^7个转化子/μg超螺旋质粒DNA。

（2）电击法　电脉冲可以在细胞膜上造成小凹陷，形成疏水孔洞。随着跨膜电压的增加，大疏水性孔洞会转变成亲水性孔洞，介质中的 DNA 会进入细胞中。将生长至对数期的 *E. coli* 菌液冷却至 4℃后离心，洗菌后用 10%的甘油悬浮，将高密度菌液置于特制的电极杯中进行电击。电击转化与温度有关，一般在 0～4℃进行。由于转化载体上常常带有 *LacZα* 基因，多用带有不同抗生素（常用的有氨苄青霉素、卡那霉素等）的选择性培养基结合 α-互补蓝白斑筛选法鉴定转化细胞。

自然界的转化现象，一般发生在同一物种或近缘物种中。细菌转化方法已被引入其他生物。例如，采用原生质体转化法，可将外源 DNA 注入不具摄取 DNA 能力的生物中，使其获得某些新的特性。

4．PCR 扩增　PCR 即聚合酶链反应，是一种用于放大扩增特定的 DNA 片段的分子生物学技术，它可看作生物体外的特殊 DNA 复制。PCR 的最大特点是能将微量的 DNA 大幅增加。因此，无论是化石中的古生物、历史人物的残骸，还是几十年前凶杀案中凶手所遗留的毛发、皮肤或血液，只要能分离出一丁点的 DNA，就能用 PCR 加以放大，进行比对。

PCR 技术的基本原理类似于 DNA 的天然复制过程，其特异性依赖于与靶序列两端互补的寡核苷酸引物。PCR 由变性—退火—延伸三个基本反应步骤构成：①模板 DNA 的变性，模板 DNA 经加热至 93～98℃（高低依酶的种类而定）一定时间后，使模板 DNA 双链或经 PCR 扩增形成的 DNA 双链解离，使之成为单链，以便它与引物结合，为下轮反应作准备；②模板 DNA 与引物的退火（复性），模板 DNA 经加热变性成单链后，温度降至 55℃左右（视引物、模板等不同可在 35～72℃），引物与模板 DNA 单链的互补序列配对结合；③引物的延伸，DNA 模板-引物结合物在 72℃、DNA 聚合酶（如 *Taq* DNA 聚合酶）的作用下，以 dNTP 为反应原料，靶序列为模板，按碱基互补配对与半保留复制原则，合成一条新的与模板 DNA 链互补的半保留复制链。重复循环变性—退火—延伸三个过程就可以获得更多的“半保留复制链”，而且这种新链又可成为下次循环的模板。每完成一个循环需 2～4min，2～3h 就能将待扩目的基因扩增放大几百万倍。

（三）RNA 基本操作技术

RNA 基本操作技术主要包括 RNA 提取及电泳技术、RNA 逆转录合成 cDNA 和 cDNA 文库构建等。

1．RNA 提取及电泳技术　RNA 的提取与分析对于了解基因在转录水平上的表达调控和 cDNA 的合成都是必需的。细胞中的总 RNA 包括 mRNA、rRNA、tRNA 及一些小 RNA（sRNA）。rRNA 电泳后的三条特征性带 28S、18S 和 5S 是鉴定总 RNA 纯度和完整性的重要参数。植物总 RNA 提取采用得最广泛的方法是 Trizol 法，其原理是 Trizol 试剂主要由苯酚和异硫氰酸胍组成，可以迅速破坏细胞结构，使存在于细胞质及细胞核内的 RNA 释放出来并使核糖体蛋白与 RNA 分离，还能保证 RNA 的完整性。但 Trizol 对多酚型植物材料无效，须改用十六烷基三乙基溴化铵（CTAB）法或其他方法。RNA 的浓度和纯度可以通过琼脂糖凝胶电泳进行检测，如果在电泳图谱上清晰地看到 28S rRNA、18S rRNA、5S rRNA 的三条带，且 28S rRNA 的亮度为 18S rRNA 的两倍，则 RNA 制品完整未降解。

2. RNA 逆转录合成 cDNA 由于 RNA 分子敏感脆弱，在自然状态下难以被扩增，为了研究 mRNA 所包含的功能基因信息，一般在逆转录酶的作用下将其逆转录成稳定的 DNA 双螺旋，再进行后续的研究。

首先，以 mRNA 为模板，使用逆转录酶催化，在随机引物、Oligo（dT）或基因特异性引物的引导下合成 cDNA 第一链。

然后，再按照普通 PCR 的方法用两条引物以 cDNA 第一链为模板，可扩增出不含内含子的可编码完整基因的 cDNA 双链。这一步称为 RT-PCR（逆转录 PCR），其具有灵敏性较高、操作简单等优点，常用于基因表达定量分析和目的基因克隆。

3. cDNA 文库构建 cDNA 文库是以特定的组织或细胞 mRNA 为模板，逆转录形成的互补 DNA 与适当的载体（常用噬菌体或质粒载体）连接后转化受体菌形成重组 DNA 克隆群，这种包含着细胞全部 mRNA 信息的 cDNA 克隆集合称为该组织或细胞的 cDNA 文库。cDNA 文库特异地反映某种组织或细胞中，在特定发育阶段表达蛋白质的编码基因，因此 cDNA 文库具有组织或细胞特异性。经典 cDNA 文库构建的基本原理：用 Oligo（dT）作逆转录引物，或用随机引物给所合成的 cDNA 加上适当的连接接头，连接到适当的载体中获得 cDNA 文库。其基本步骤包括：①mRNA 的提纯，获取高质量的 mRNA 是构建高质量的 cDNA 文库的关键步骤之一；②cDNA 第一条链的合成；③cDNA 第二条链的合成；④双链 cDNA 的修饰；⑤双链 cDNA 的分子克隆；⑥cDNA 文库的扩增；⑦cDNA 文库的鉴定评价。

cDNA 文库在研究具体某类特定细胞中基因组的表达状态及表达基因的功能鉴定方面具有特殊的优势，从而使它在个体发育、细胞分化、细胞周期调控、细胞衰老和死亡调控等生命现象的研究中具有更为广泛的应用价值，是研究工作中最常使用到的基因文库。

（四）蛋白质基本操作技术

蛋白质基本操作技术主要包括蛋白质的分离纯化、双向电泳（two-dimensional electrophoresis，2D）、蛋白质谱、蛋白质印迹（Western blotting）等。

1. 蛋白质的分离纯化 蛋白质的分离纯化在分子遗传学研究应用中使用广泛，是一项重要的操作技术。一个典型的真核细胞可以包含数以千计甚至数万种的不同蛋白质，为了研究某一个蛋白质，必须首先将该蛋白质从其他蛋白质和非蛋白质分子中纯化出来。

蛋白质的分离纯化大致分为粗分离和精细纯化两个阶段。一般蛋白质纯化采用的方法为树脂法。粗分离阶段主要将目的蛋白和其他细胞成分如 DNA、RNA 等分开，由于此时样本体积大、成分杂，要求所用的树脂容量高、流速快、颗粒大、粒径分布宽，并且可以迅速将蛋白质与污染物分开，必要时可加入相应的保护剂（如蛋白酶抑制剂），以防止目的蛋白被降解。精细纯化阶段则需要更高的分辨率，此阶段是要把目的蛋白与那些分子质量大小及理化性质接近的蛋白质区分开来，要用更小的树脂颗粒以提高分辨率，常用离子交换柱和疏水柱，应用时要综合考虑树脂的选择性和柱效两个因素。选择性是指树脂与目的蛋白结合的特异性，柱效则是指各蛋白质成分逐个从树脂上集中洗脱下来的能力，洗脱峰越窄，柱效越好。仅有好的选择性，洗脱峰太宽，蛋白质照样不能有效分离。

2．双向电泳技术 双向电泳是等电聚焦（isoelectric focusing，IEF）和 SDS-聚丙烯酰胺凝胶电泳（SDS-PAGE）的组合，即先进行等电聚焦电泳（按照 pI 分离），再进行 SDS-PAGE（按照分子大小）。双向电泳的原理：先进行等电聚焦，蛋白质是两性分子，在不同 pH 缓冲液中表现出不同的带电性，因此在两性电解质电泳体系中，不同等电点的蛋白质会聚集在介质上不同的区域（等电点）从而被分离；随后，再沿垂直方向进行分子质量的分离，因为聚丙烯酰胺凝胶中的 SDS 带有大量的负电荷，与之相比，蛋白质所带电荷量可以忽略不计，因此蛋白质在 SDS 凝胶电场中的运动速度和距离完全取决于其分子质量；电泳后的凝胶经染色得到的电泳图是个呈二维分布的蛋白质图。双向电泳具有很高的分辨率，它可以直接从细胞提取液中检测某个蛋白质。

3．蛋白质谱技术 蛋白质谱（protein mass spectrometry）技术简单来说就是一种将质谱仪用于研究蛋白质的技术。目前，它的基本原理是蛋白质经过蛋白酶的酶切消化成小肽段后与基质（主要是有机酸）混合，在质谱仪中肽段混合物电离形成带电离子，质谱分析器的电场、磁场将具有特定质量与电荷比值［即质荷比（m/z）］的肽段离子分离开来，经过检测器收集分离的离子，确定每个离子的 m/z 值。经过质量分析器可分析出每个肽段的 m/z，得到蛋白质所有肽段的 m/z 图谱，即蛋白质的一级质谱峰图。离子选择装置自动选取强度较大的肽段离子进行二级质谱分析，输出选取肽段的二级质谱峰图，通过和理论上蛋白质经过胰蛋白酶消化后产生的一级质谱峰图和二级质谱峰图进行比对而鉴定蛋白质。

4．蛋白质印迹 蛋白质印迹是将电泳分离的细胞或组织总蛋白质从凝胶转移到固相支持物 NC 膜（硝酸纤维素膜）或 PVDF 膜（聚偏二氟乙烯膜）上，然后用特异性抗体检测某特定抗原的一种蛋白质检测技术，可分为电泳、转印、酶免疫测定 3 个阶段。其基本原理是：将经过 PAGE（聚丙烯酰胺凝胶电泳）分离的蛋白质样品，转移到固相载体（如尼龙膜）上，固相载体以非共价键形式吸附蛋白质，且能保持电泳分离的多肽类型及其生物学活性不变。以固相载体上的蛋白质或多肽作为抗原，与对应的抗体起免疫反应，再与酶或同位素标记的第二抗体起反应，经过底物显色或放射自显影检测电泳分离的特异性目的基因表达的蛋白质成分。蛋白质印迹法结合了电泳的高分辨率和酶免疫测定的高敏感性和特异性，现已广泛应用于基因在蛋白质水平的表达研究、抗体活性检测和疾病早期诊断等多个方面。

（五）分子杂交技术

分子杂交是指通过各种方法将核酸分子固定在固相支持物上，然后用放射性或非放射性标记的探针与被固定的分子杂交，经显影后显示出目的 DNA 或 RNA 分子所处的位置。核酸分子杂交具有高度的灵敏性和特异性，因而该技术在分子生物学领域中已广泛地应用于克隆基因的筛选、酶切图谱的制作、基因组中特定基因序列的定性、定量检测和疾病的诊断等方面。

1．DNA 印迹法 DNA 印迹法（Southern blotting）是进行基因组 DNA 特定序列定位的通用方法，其基本原理是具有一定同源性的两条核酸单链在一定的条件下，可按碱基互补的原则特异性地杂交形成双链。一般利用琼脂糖凝胶电泳分离经限制性内切核酸酶消化的DNA片段，将胶上的DNA变性并在原位将单链DNA片段转移至尼龙膜或其他固相支持物上，经干烤或者紫外线照射固定，再与具相对应结构的标记探针进行杂交，用放射自显影或酶反应显色，从而检测特定DNA分子的含量。DNA印迹法包括两个主要过程：一是将待测定核酸分子通过一定的方法转移并结合到一定的固相支持物（硝酸纤维素膜或尼龙膜）上，即印迹（blotting）；二是固定于膜上的核酸与同位素标记的探针在一定的温度和离子强度下退火，即分子杂交过程。具体操作流程为：①制备待测DNA和进行限制性酶消化；②琼脂糖凝胶电泳分离待测DNA样品；③凝胶电泳预处理与转膜；④核酸探针的标记及杂交；⑤洗膜与检测。

2．RNA印迹法 RNA印迹法（Northern blotting）是研究真核细胞基因表达的基本方法，其基本原理是整合到植物染色体上的外源基因如果能正常表达，则转化植株细胞内有其转录产物——特异mRNA的生成。将提取的植物总RNA或mRNA用变性凝胶电泳分离，则不同的RNA分子将按分子质量大小依次排布在凝胶上，将它们原位转移到固定膜上，在适宜的离子强度及温度条件下，用探针与膜杂交，通过探针的标记性质检测出杂交体。若经过杂交，样品无杂交带出现，表明外源基因已经整合到植物细胞染色体上，但该基因在该取材部位及生理状态下并未有效表达。基本操作流程为：①RNA变性及电泳；②RNA从琼脂糖凝胶转移到固相支持物；③核酸探针的标记及杂交；④洗膜与检测。

3．菌落原位杂交 对分散在若干个琼脂平板上的少数菌落（100～200个）进行克隆筛选时，可采用菌落原位杂交（*in situ* colony hybridization）。将这些菌落归并到一个琼脂主平板，以及已置于第二个琼脂平板表面的一张尼龙膜上。培养一段时间后，对菌落进行原位裂解以释出DNA，将DNA烘干固定于膜上与^{32}P标记的探针杂交，放射自显影检测菌落杂交信号，并与平板上的菌落对位。将主平板贮存于4℃条件下直至得到筛选结果。

4．斑点杂交 斑点杂交（dot hybridization）是指将DNA或RNA样品直接点在尼龙膜上，然后与核酸探针分子杂交，以显示样品中是否存在特异的DNA或RNA。同一种样品经不同倍数的稀释，还可以得到半定量的结果。所以它是一种简便、快速、经济的分析DNA或RNA的方法，在基因分析和基因诊断中经常用到，是研究基因表达的有力工具。但由于目的序列未与非目的序列分离，不能了解目的序列的长度。尤其当本底干扰较高时，难以区分目的序列信号和干扰信号。

5．组织原位杂交 组织原位杂交（tissue *in situ* hybridization）简称原位杂交，是指组织或细胞的原位杂交。它与菌落的原位杂交不同，菌落原位杂交需裂解细菌释出DNA，然后进行杂交；而原位杂交是经过适当处理后，使细胞通透性增加，让探针进入细胞内与DNA或RNA杂交。因此原位杂交可以确定探针的互补序列在胞内的空间位置，具有重要的生物学和病理学意义。例如，对致密染色体DNA的原位杂交可用于显示特定序列的位置；对分裂期核DNA的杂交可研究特定序列在染色质内的功能排布；与细胞RNA的杂交可精确分析任何一种RNA在细胞中和组织中的分布。此外，原位杂交还是显示细胞亚群分布和动向、病原微生物存在方式和部位的一种重要技术。

二、基因功能研究技术

（一）目的基因分离

随着分子克隆技术的逐渐完善，分离目的基因的方法越来越多。如今可以采用以下途径获取目的基因。

1．化学合成法 化学合成法是Khorana于1967年首先发明的利用磷酸二酯法、磷酸三酯法、固相亚磷酸三酯法等化学反应直接合成已知序列的目的基因的方法。该方法的优点在于准确性高、合成速度快，但只能合成小于100个碱基的特定序列。一般用于PCR引物、寡核苷酸探针、人工接头及较小基因的合成。对于超过该法合成范围的寡核苷酸链的合成，可采用分段合成法。

2．PCR法 通过PCR可从基因组中克隆目的基因，也可以通过RT-PCR克隆cDNA。在特异引物的引导下，合成特异的DNA片段。该方法的优点是合成基因效率高、速度快、特异性好，但扩增时容易突变，需要高保真的耐热性DNA聚合酶和特异性强的PCR引物，并进行DNA序列测定。该方法是目前实验使用最多的目的基因分离的方法。

3．构建gDNA文库，从中钓取目的基因 基因组DNA文库包含基因组DNA的全部序列，既有编码基因的序列，也包含重复序列、内含子和其他非转录区段。按不同的目的构建基因文库，如用质粒、柯斯质粒或人工染色体（BAC或YAC）作为载体。构建基因组文库后，再用分子杂交等技术去钓取基因，这意味着从含有众多基因序列的克隆群中去获取目的基因和序列。

4．构建cDNA文库，从中钓取目的基因 cDNA文库具有组织细胞特异性，比基因组DNA文库小得多。对于真核细胞来说，从cDNA文库中获得的是已经过剪接、去除了内含子的cDNA，构建cDNA文库的方法在获取真核基因组目的基因时应用较多。从cDNA文库筛选目的基因可采用以下策略：当了解目的基因顺序时，筛选的最直接方法是用核酸探针进行杂交；当目的基因的核苷酸顺序不明，但该基因产物的少数氨基酸顺序已知时，则可用这些氨基酸顺序推导核苷酸顺序来合成寡核苷酸探针；在没有任何可利用探针的情况下，可运用差示杂交（differential hybridization）来分离组织特异的cDNA克隆；目的cDNA克隆也可以用编码蛋白的抗体进行筛选；或可通过表达产物的其他功能（如酶活性和底物结合力等）筛选分离。

5．生物信息方法获得目的基因 使用生物信息学的方法通过超大规模计算预测基因也成为发现新基因的重要手段之一。利用已发现的其他物种基因的cDNA序列为参照，在国际互联网的目标物种EST数据库（NCBI或EMBL等）中进行同源搜索获得一系列同源的EST序列，然后用Alignment程序将它们连接成一个EST重叠群，经整合后可获得全长的cDNA序列。根据该推测的序列，可合成相应的特异引物，进行PCR扩增后，即可获得该基因的cDNA片段。

（二）基因表达研究技术

1．实时PCR表达分析 实时PCR（real-time PCR）是一种在DNA扩增反应中，以荧光化学物质监测每次聚合酶链反应（PCR）循环后产物总量的方法，是通过内参或外参法对待测样品中的特定基因或DNA序列进行定量分析的方法。目前使用最多的是SYBR Green Ⅰ检测法，其原理是在PCR反应体系中，加入过量SYBR荧光染料，SYBR荧光染料特异性地掺入DNA双链后，发射荧光信号，而不掺入链中的SYBR染料分子不会发射任何荧光信号，从而保证荧光信号的增加与PCR产物的增加完全同步。目前，qPCR表达分析是在RNA水平进行基因表达研究的主要手段。

2．目标基因超表达 超表达是指将目的基因的全长序列与高活性组成型启动子融合构建成质粒载体，通过转化，获得该基因产物大量积累的植株。基因超表达的作用主要与基因本身编码蛋白的功能有关。一般来讲，过表达会导致该蛋白的含量增加。假设这个蛋白与生物体抗性相关，如与植物抗旱有关，那么它的过表达可能会让植物更加抗旱。目标基因的超表达分析常结合实时PCR分析，是研究基因表达模式的重要手段之一。

3．原核表达分析 广义的原核表达，是指发生在原核生物内的基因表达。狭义的原核表达，常出现于生物工程中，是指通过基因克隆技术，将外源目的基因通过构建表达载体并导入表达菌株的方法，使其在特定原核生物或细胞内表达。一个完整的原核表达系统通常包括配套的表达载体和表达菌株。如果是特殊的诱导表达还包括诱导剂，如果是融合表达还包括纯化系统或者Tag检测等。选择表达系统通常要根据实验目的来考虑，比如表达量的高低、目标蛋白的活性、表达产物的纯化方法等。原核表达的一般程序如下：获得目的基因，准备表达载体，将目的基因插入表达载体中（测序验证），转化表达宿主菌，诱导靶蛋白的表达，表达蛋白的分析、扩增、纯化、进一步检测。

4．蛋白质亚细胞定位分析 亚细胞定位是指某种蛋白质或表达产物在细胞内的具体存在部位，如在核内、胞质内或者细胞膜上存在。GFP是绿色荧光蛋白，相当于报道蛋白的作用。使用GFP必须构建融合蛋白载体，并在转染之后有效表达。若在荧光显微镜下看到细胞内某一部位存在GFP信号，说明和GFP融合的蛋白也存在于该部位，这就达到了确定某物质亚细胞定位的目的。目前，实现目标蛋白质亚细胞定位的方法主要有：基因枪法转化洋葱表皮细胞，PEG介导原生质体转化和农杆菌侵染烟草叶片瞬时表达法等。

（三）蛋白质、DNA互作技术

1．ChIP实验 ChIP实验是指通过与染色质片段共沉淀和PCR技术，在体内检测与特异蛋白质结合的DNA片段。将处于适当生长时期的活细胞用甲醛交联后将细胞裂解，染色体分离并打碎为一定大小的片段（200～1000bp）；然后用特异性抗体免疫沉淀目标蛋白与DNA交联的复合物，对特定靶蛋白与DNA片段进行富集，通过对目标片段的纯化与检测，获得DNA与蛋白质相互作用的序列信息。

2．凝胶迁移实验 凝胶迁移实验或电泳迁移率变动分析（electrophoretic mobility shift assay，EMSA）是一种研究DNA结合蛋白和其相关的DNA结合序列相互作用的技术，可用于研究DNA结合蛋白和其相关的DNA结合序列相互作用、DNA定性和定量分析。生物素标记的探针按研究的结合蛋白的不同，可以是双链或单链。

3．酵母双杂交技术 酵母双杂交（yeast two-hybrid）是一种研究两种蛋白质相互作用的技术。细胞起始基因转录需要有反式转录激活因子的参与。反式转录激活因子如酵母转录因子 GAL4 在结构上是组件式的（modular），其中有 DNA 结合结构域（binding domain，BD）和转录激活结构域（transcriptional activation domain，AD）。将这两个结合域分开时它们仍分别具有功能，但不能激活转录，只有当被分开的二者通过适当的途径在空间上较为接近时，才能重新呈现完整的 GAL4 转录因子活性，并可激活上游激活序列（upstream activating sequence，UAS）的下游启动子，使启动子下游基因得到转录。因此，将待研究的两种蛋白质的基因分别克隆到酵母表达质粒的转录激活因子的 DNA 结合结构域和转录激活结构域，构建成融合表达载体，通过表达产物分析两种蛋白质的相互作用。

4．双分子荧光互补分析技术 双分子荧光互补（bimolecular fluorescence complementation，BiFC）分析技术是一种直观、快速地判断目标蛋白在活细胞中的定位和相互作用的新技术。该技术巧妙地将荧光蛋白分子的两个互补片段分别与目标蛋白融合表达，如果荧光蛋白质的活性恢复则表明两个目标蛋白发生了相互作用。其后发展出的多色荧光互补技术（multicolor BiFC），不仅能同时检测到多种蛋白质复合体的形成，还能够对不同蛋白质间相互作用的强弱进行比较。目前，该技术已应用于转录因子、G 蛋白 βγ 亚基的二聚体形式、不同蛋白质间相互作用强弱的比较及蛋白质泛素化等方面的研究中。

5．拉下实验 拉下实验（pull-down assay）又叫作蛋白质体外结合实验（binding assay *in vitro*），是一种在试管中检测蛋白质之间相互作用的方法。其基本原理是将靶蛋白-GST 融合蛋白亲和固化在谷胱甘肽亲和树脂上，作为与目的蛋白亲和的支撑物，充当一种“诱饵蛋白”；目的蛋白溶液过柱时，可从中捕获与之相互作用的“捕获蛋白”（目的蛋白），洗脱结合物后通过 SDS-PAGE 电泳分析，从而证实两种蛋白间的相互作用或筛选相应的目的蛋白。“诱饵蛋白”和“捕获蛋白”均可通过细胞裂解物、纯化的蛋白、表达系统及体外转录翻译系统等获得。该方法简单易行，操作方便，是一个行之有效的验证酵母双杂交系统的体外实验技术，近年来越来越受到广大学者的青睐。

6．免疫共沉淀 免疫共沉淀（co-immunoprecipitation，Co-IP）是一种以抗体和抗原之间的专一性作用为基础的用于研究蛋白质相互作用的经典方法，是确定两种蛋白质在完整细胞内生理性相互作用的有效方法。当细胞在非变性条件下被裂解时，完整细胞内存在的许多蛋白质-蛋白质间的相互作用被保留了下来。当用预先固化在琼脂糖珠上的蛋白质 A 的抗体免疫沉淀 A 蛋白时，与 A 蛋白在体内结合的 B 蛋白也能一起沉淀下来；再通过蛋白变性分离，对 B 蛋白进行检测，进而证明二者间的相互作用。这种方法得到的目的蛋白是在细胞内与兴趣蛋白天然结合的，符合体内的实际情况，得到的结果可信度高。这种方法常用于测定两种目标蛋白是否在体内结合，也可用于确定一种特定蛋白的新的互作蛋白。

第八章　分子遗传学实验技术

实验二十一　植物 DNA 的提取与鉴定

一、实验目的

1．了解从植物材料中提取和测定 DNA 的原理。

2．学习十二烷基磺酸钠（SDS）法和碱煮法提取 DNA 初提物的方法。

3．掌握利用琼脂糖凝胶电泳鉴定 DNA 的技术，以便进一步了解 DNA 的性质。

二、实验原理

幼嫩的新生组织次生代谢物含量较少，如胞质内的多酚类、色素类化合物等，而 DNA 含量高，且易于破碎细胞。因此，一般选择幼嫩的、代谢旺盛的新生组织作为提取 DNA 的材料。DNA 的提取方法有 CTAB 法（参考"实验十一植物染色体原位杂交"部分）、SDS 法和碱煮法。

细胞中的 DNA 绝大多数以 DNA-蛋白复合物（DNP）的形式存在于细胞核内。提取 DNA 时，一般先破碎细胞释放出 DNP，经溶解，使核蛋白释放，再用含少量异戊醇的氯仿抽提去除蛋白质、多糖、色素等，最后用乙醇将 DNA 沉淀分离出来。

十二烷基磺酸钠（sodium dodecylsulfate，SDS）是一种阴离子去污剂，它能使细胞膜相结构变性，也能使包括组蛋白在内的蛋白质变性，使多数杂质形成沉淀而离心去除。

琼脂糖是一种线性多糖聚合物，其基本结构为 β-D-半乳糖和 3,6-内醚-L-半乳糖交替连接的长链。琼脂糖凝胶常用 1%的琼脂糖配制而成，具有网孔结构。DNA 分子在高于等电点的 pH 溶液中带负电荷，在电场中向正极移动。在泳动时，DNA 分子受电荷效应和分子筛效应影响。一般来说，DNA 分子所带静电荷量越大，则迁移率越大；琼脂糖浓度越大，则分子孔径越小，DNA 迁移速率越低，分离的 DNA 片段越小；DNA 分子质量对数越大，则通过时受到的阻力越大，迁移速度越慢；迁移率也与 DNA 的构象有关，超螺旋环状 DNA 的迁移率大于线状 DNA，而线状 DNA 的迁移率大于单链开环 DNA。

三、实验材料

新鲜植物幼嫩叶片。

四、实验用品

1．仪器用具　凝胶成像系统、台式高速离心机、微波炉、电泳仪、电泳槽、微量移液器、恒温水浴锅、液氮罐、研钵、天平、2mL 离心管、1.5mL 离心管、枪头等。

2．药品试剂　SDS 粉末、提取缓冲液、Tris、EDTA-Na_2、NaCl、NaOH、浓盐酸、冰醋酸、乙酸钠、预冷乙醇、酚、异戊醇、氯仿、异丙醇、液氮、琼脂糖粉、1×TAE 缓冲液（pH 8.5）、溴化乙锭（EB）等。

3．试剂配制

1）10% SDS 溶液：称取 10g SDS 粉末，溶解在蒸馏水中，定容至 100mL，于 37℃水浴锅中加热约 1h，使其充分溶解。

2）提取缓冲液：分别称取 3.2g EDTA-Na_2、5.8g NaCl 和 12.1g Tris 置于 1L 烧杯中，加入约 800mL 的去离子水充分溶解，加入 100mL 10% SDS 溶液，混匀，用盐酸调节溶液的 pH 至 8.5，最后用去离子水将溶液定容至 1L，高压灭菌。

3）5mol/L pH 5.2 乙酸钠溶液：称取 340.2g 乙酸钠置于 1L 烧杯中，加入约 400mL 的去离子水充分溶解，用冰醋酸调节溶液的 pH 至 5.2，用去离子水将溶液定容至 500mL，高压灭菌。

4）1mol/L pH 8.0 Tris-HCl 溶液的配制：参考“实验十一植物染色体原位杂交”部分。

5）1×TAE 缓冲液（pH 8.5）的配制：参考“实验十一植物染色体原位杂交”部分。

五、实验步骤

1．SDS 法提取基因组 DNA（张志刚等，2006）

1）取适量提取缓冲液于 65℃水浴锅中预热 30min。

2）称取 1g 新鲜叶片，置于液氮预冷的研钵中，加入液氮后迅速研磨至粉末，迅速转入 2mL 离心管中。

3）加入 1.2mL 预热的提取缓冲液，轻轻转动，混匀，加入 120μL 10% SDS 溶液，混匀，置入 65℃水浴锅中，加热 30min。每隔 15min 轻摇 3～4 次。

4）加入 0.45mL 5mol/L pH 5.2 乙酸钠溶液，混匀，冰浴 20min，1000r/min 离心 20min，取上清液转入另一离心管中。

5）加入等体积的酚∶氯仿∶异戊醇（25∶24∶1）溶液，轻轻颠倒混匀，1200r/min 离心 15min。

6）将上清液转入另一新离心管中，加入 2/3 体积的异丙醇，颠倒混匀，－20℃放置 30min。

7）12 000r/min 离心 10min，弃掉上清液。

8）加入 70%乙醇悬浮洗 2 次，12 000r/min 离心 3min，倒掉乙醇，此时 DNA 附着于离心管底部，倒扣离心管至乙醇完全风干。

9）加入 100μL 无菌的双蒸水，待其 DNA 完全溶解后，置于－20℃冰箱中保存。

2．碱煮法提取基因组 DNA（桑贤春等，2003）

1）剪取新鲜的植物叶片 1cm^2 左右，用剪刀剪成小块，放入 0.5mL 的离心管中。

2）加入 100μL 0.25mol/L NaOH，沸水浴 30s。

3）加入 100μL 0.25mol/L 盐酸、50μL 1mol/L Tris-HCl，沸水浴 2min。

4）取出叶片自然冷却，上清液直接作为 PCR 扩增的模板。

3．1%琼脂糖凝胶电泳检测 DNA

1）称取 0.5g 琼脂粉于 500mL 锥形瓶中，加入 50mL 1×TAE 缓冲液，放入微波炉中加热至沸腾约 5min，稍冷却，加入 5μL 核酸染料 EB，混匀。

2）将琼脂糖凝胶溶液倒入事先准备好的干净的模具中，凝胶厚3～5mm，插入梳子。

3）待凝胶完全凝固约 30min 后，垂直向上拔出梳子，置于电泳槽中，加入 1×TAE 缓冲液（pH 8.5）至没过胶体约 1mm。

4）在每个点样孔中加入 3μL 样品，样品为 3μL DNA 和 1μL loading buffer（上样缓冲液）的混合液，90V 恒压下电泳，当蓝色的溴酚蓝指示剂移动到琼脂糖凝胶的中间位置时，停止电泳。

5）置于凝胶成像系统中，成像并拍照，分析片段的大小。

六、作业

1. 为了保证 DNA 的完整性，在分离提取的过程中应注意什么？
2. 提取 DNA 时除去蛋白质的方法有哪些？

实验二十二　PCR 扩增技术及扩增产物的检测

一、实验目的

1. 学习 PCR 反应的基本原理与实验技术。
2. 掌握 PCR 产物回收和检测的方法。

二、实验原理

聚合酶链反应（polymerase chain reaction，PCR）是在模板 DNA、引物、DNA 聚合酶和 4 种脱氧核糖核苷酸存在的条件下，体外模拟 DNA 的体内复制过程，快速扩增出 DNA 的一种方法。PCR 技术由变性、退火和延伸三个基本反应步骤构成。

1. 模板 DNA 的变性　模板 DNA 加热至 93～94℃（高低依酶的种类而定）一定时间后，模板双链 DNA 或经 PCR 扩增形成的双链 DNA 变性，成为单链。

2. 模板 DNA 与引物的退火（复性）　变性后温度降至 55℃左右，可使引物与模板 DNA 单链的互补序列配对结合。

3. 引物的延伸　在 72℃左右、DNA 聚合酶（如 *Taq* DNA 聚合酶）的作用下，DNA 模板与引物的结合物以 dNTP 为反应原料，靶序列为模板，按碱基互补配对与半保留复制原则，合成一条新的与模板 DNA 链互补的半保留复制链，重复循环变性、退火和延伸三个过程，可获得更多的半保留复制链，而这种新链又可成为下次循环的模板。每完成一个循环需 2～4min，2～3h 就能将待扩目的基因扩增几百万倍。

琼脂糖凝胶电泳可将 PCR 反应获得的目的片段与其他 DNA 分开，再通过吸附柱中的硅基质专一性结合 DNA，在低盐、高 pH 条件下将 DNA 从柱子上洗涤并洗脱出来，达到将目的 DNA 从凝胶中分离出来的目的，同时又可除去蛋白质、无机盐离子、寡核苷酸引物等杂质。该方法可回收 100bp～30kb DNA 片段，用于酶切、测序、连接和转化等实验。

三、实验材料

模板 DNA。

四、实验用品

1. 仪器用具 电子天平、无菌离心管、枪头、微量移液器、水浴锅、台式离心机、PCR 仪、微波炉、电泳仪、电泳槽、凝胶成像系统、冰箱等。

2. 药品试剂 10×PCR buffer、*Taq* DNA 聚合酶、dNTP、前后引物、灭菌双蒸水、核酸染料、1×TAE 缓冲液（pH 8.5）、琼脂粉、6×loading buffer、胶回收试剂盒等。

3. 试剂配制 1×TAE 缓冲液（pH 8.5）的配制：参考“实验十一植物染色体原位杂交”部分。

五、实验步骤

1. 制备 PCR 反应液 参照表 8.1，依次加入各组试剂（除双蒸水外）于 0.2mL 离心管中，用灭菌双蒸水将总体积调至 50μL，再用枪头混匀反应液，避免产生气泡。若试剂加到离心管壁上时，可将离心管用台式离心机离心 10s，以保证所有液体均在离心管底部。

表 8.1 PCR 反应体系

试剂	体积/μL	试剂	体积/μL
10×PCR buffer	5	模板 DNA	2
dNTP	5	*Taq* DNA 聚合酶	1
前引物	2	双蒸水	33
后引物	2	总体积	50

2. PCR 扩增反应 将含有 PCR 反应液的离心管放入 PCR 仪中，设置 PCR 扩增程序（表 8.2）。

表 8.2 PCR 反应程序

程序阶段	程序名称	温度/℃	时间	循环数
1	预变性	94	5min	1
2	变性	94	30s	35
	退火	55	30s	
	延伸	72	30s	
3	末次延伸	72	5min	1
4	保温	16	1min	1

3. 1%琼脂糖凝胶电泳检测 PCR 产物

1）将 0.5g 琼脂糖和 50mL 1×TAE 缓冲液加入 150mL 的锥形瓶中。

2）用微波炉化胶，约需 3min，待冷却至 60℃，加入 8μL 核酸染料，摇匀。

3）将溶液倒入含梳子的平放的制胶槽中，排除气泡。

4）在室温下放置 30min，至凝胶完全凝固后，拔出梳子。

5）取 5μL PCR 产物加入 1μL 6×loading buffer，混匀，上样于胶孔，在样品孔旁的胶孔中点入 5μL marker，置凝胶于 1×TAE 缓冲液中电泳，使 DNA 片段从负极向正极移动。

6）直至溴酚蓝迁移至凝胶一半的距离，约 30min，停止电泳。取出凝胶，于凝胶成像系统中检测是否含有目的条带。

4．PCR 扩增产物的凝胶电泳 取反应后的 PCR 产物 25μL，加入 5μL 6×loading buffer，进行 1%琼脂糖凝胶电泳，用紫外成像仪拍照并检测是否含有一条清晰的目的条带。

5．PCR 产物的凝胶回收与检测

1）用新刀片从凝胶上切下目的 DNA 条带，放入事先称重的 1.5mL 离心管中。在保证目的条带完整性的前提下，胶块越小越好。

2）称量凝胶质量，计算胶块体积，以 1mg＝1μL 进行计算。

3）将水浴锅的水温调至 50℃。

4）向胶块中加入等体积的凝胶溶解缓冲液，将离心管插在泡沫板上，漂浮于 50℃水浴中至胶块充分溶解，约 9min，高速离心片刻。

5）将溶液加入吸附柱中，静置 2min，12 000r/min 离心 1min，弃废液。

6）向吸附柱中加入 600μL 漂洗液，静置 2min，12 000r/min 离心 1min，弃废液，重复该步骤 1 次。

7）在室温下，12 000r/min 干甩柱子 2min。

8）将柱子转入 1 个新的 1.5mL 离心管中，打开柱子盖子放置约 10min，在柱子中央加入 30μL 洗脱缓冲液，室温放置约 30min 或 50℃水浴加热柱芯 3min，12 000r/min 离心 2min，弃柱子，即得回收产物。

9）取 5μL 回收产物，加入 1μL 6×loading buffer，用 1%琼脂糖凝胶电泳检测。

10）取 1～5μL 回收产物在蛋白质核酸快速测定仪上测定回收产物的浓度。

11）将剩下的回收产物保存于－20℃冰箱。

六、作业

1．如何确定 PCR 反应中的退火温度与延伸时间？

2．哪些因素影响 PCR 结果？

3．怎样提高 PCR 产物凝胶回收的效率？

实验二十三 分子标记连锁图的构建和基因定位

一、实验目的

1．了解质量性状连锁图谱的构建。

2．学习 BSA 法基因定位。

3．掌握丙烯酰胺凝胶电泳方法。

二、实验原理

基因定位是指基因所属连锁群或染色体及基因在染色体上位置的测定。基因定位是遗传学研究中的重要环节，是遗传学研究中的一项基本工作，也是基因图位克隆的基础工作。其原理是基于已知的 DNA 标记，利用标记和目标性状的重组频率高低，判定目的基因与

DNA 标记之间的距离。重组率越低，则遗传距离越近，进而缩短目的基因在染色体上的物理距离，从而达到基因定位的目的。

三、实验材料

水稻品种‘西大 1A’和叶片灰白转黄突变体 *pyr1*（程欣等，2013）。

四、实验用品

1．仪器用具　PCR 仪、移液枪、PCR 扩增板、离心管、枪头、电泳仪电源、垂直电泳槽、通风橱、微波炉、水平摇床、PE 一次性手套等。

2．药品试剂　基因组 DNA、r*Taq* 酶（10×PCR buffer 和上样缓冲液）、dNTP、液体石蜡、30%丙烯酰胺凝胶（29∶1）、硝酸银、氢氧化钠、甲醛、Tris-HCl、EDTA-Na_2、过硫酸铵、四甲基乙二胺（TEMED）、ddH_2O 和蒸馏水等。

3．试剂配制

1）30%丙烯酰胺凝胶（29∶1）：分别称取 145g 丙烯酰胺和 5g *N*, *N*′-二甲基双丙烯酰胺，用蒸馏水溶解并定容至 500mL，室温保存。

2）10%非变性聚丙烯酰胺：分别量取 8mL 5×TBE、13mL 30%丙烯酰胺凝胶（29∶1）、0.3mL 过硫酸铵和 30μL TEMED、19mL 蒸馏水，用玻璃棒混匀。

3）银染染色液：称取 0.6g 硝酸银，用 300mL 去离子水充分溶解。

4）银染显色液：称取 4.5g NaOH，用 296.7mL 去离子水充分溶解，加入 3mL 甲醛混匀。

5）10%过硫酸铵：称取 10g 过硫酸铵，溶于 100mL 蒸馏水中，在 4℃条件下可保存 2 周，在－20℃条件下可长期保存。

6）5×TBE：分别称取 54g Tris、27.5g 硼酸，用 20mL EDTA-Na_2（0.5mol/L，pH 8.0）充分溶解。

7）0.5mol/L pH 8.0 EDTA-Na_2 溶液的配制：参考“实验十一植物染色体原位杂交”部分。

五、实验步骤

1．群体构建　在田间种植亲本‘西大 1A’和 *pyr1*。以早籼不育系‘西大 1A’为母本，突变体 *pyr1* 为父本，配置杂交组合，获得 F_1 杂交种。在田间种植 F_1 种子，观察植株整体表型并收获 F_2 种子。

2．遗传分析　在田间种植 F_2 种子，获得约 4000 株的群体。观察群体的植株颜色类型，调查叶片正常绿色和白化的单株数量，卡方检验正常和白化单株的数量是否符合 3∶1 的分离比例，从而判定白化表型是否为单基因控制的质量性状。

3．定位群体的取材　从‘西大 1A’×*pyr1* 的 F_2 群体中，分别取 10 株正常单株和 10 株典型白化单株的叶片，正常单株的叶片等量混合后构成正常基因池（normal genome bank，NGB），白化单株的叶片等量混合后构成突变基因池（mutational genome bank，MGB）。同时，对 F_2 所有白化单株（突变体）均取一张叶片，另外再取 10 株典型正常株叶片，在−20℃条件下低温保存，用于基因定位。

4. DNA的提取 采用CTAB法提取‘西大1A’、*pyr1*、NGB、MGB、F_2突变单株和正常单株的基因组DNA，提取方法参照“实验十一植物染色体原位杂交”部分。

5. 亲本多态性标记的筛选 综合考虑水稻12条染色体的平均分布和引物扩增片段大小，200bp较为合适，合成400对水稻RM系列SSR引物，引物序列参照www.gramene.org.cn。以亲本‘西大1A’和突变体*pyr1*的基因组DNA为模板，进行PCR扩增，PCR扩增参照“实验二十二 PCR扩增技术及扩增产物的检测”部分。PCR扩增完成后，加入1μL上样缓冲液，丙烯酰胺凝胶电泳检测其是否为多态性标记，‘西大1A’和*pyr1*大小不一致的条带即视为多态性标记。

丙烯酰胺凝胶电泳的具体方法如下。

1）封胶：将玻璃板固定在橡胶条上，使用最大量程为5mL的移液枪吸取4.5mL微波炉预熔的1%琼脂糖凝胶，均匀地加入橡胶条底部，尽量使琼脂糖成一直线，完成封胶。

2）固定：将封好胶的玻璃板水平放在电泳槽里，按对角线方向旋紧固定螺丝，注意5个螺丝要受力均匀，否则可能会造成漏胶现象。

3）配胶：拿一个50mL的烧杯，首先加入12.5mL 10%非变性聚丙烯酰胺，再加入7.5mL 5×TBE和17.5mL ddH_2O，最后加入300μL 10%过硫酸铵和25μL TEMED，充分混匀后沿长玻璃板边缘缓缓注入，直至与短玻璃板平齐。迅速插入梳子后，平放电泳槽，直至聚丙烯酰胺胶凝固，约需1h。注意：聚丙烯酰胺胶凝固前有剧毒，人体不可直接接触。

4）预电泳：往凝固好的电泳槽里分别加入正极液和负极液，在300V恒定电压条件下电泳5min。

5）上样：停止电泳，两手分别捏住梳子的左右两端，轻轻向上用力，拔下梳子。每个梳孔中加入1.2μL预加上样缓冲液的PCR产物。

6）电泳：在300V恒定电压下，二甲苯青（上样缓冲液的主要成分）电泳至距琼脂糖封胶条1cm左右，停止电泳，电泳时间为35～50min。

7）拔胶：用软体胶管把正极液和负极液分别导入存放正极液和负极液的瓶子里，旋开固定螺丝，取出玻璃板，用拔胶器撬开短玻璃板，用10μL白色枪头打孔做标记，然后将胶片倒入预加了350mL ddH_2O的染色盘中。

8）染色：倒掉染色盘中的ddH_2O，加入350mL银染染色液，放在水平摇床上染色12min。

9）洗胶：回收硝酸银溶液，倒入350mL ddH_2O，水平摇动洗涤胶片，倒掉洗涤液，重新加入350mL ddH_2O，水平摇动再次洗涤胶片，倒掉洗涤液。洗胶时间每次10s左右。

10）显色：将染色盘放置在水平摇床上，加入300mL银染显色液，直到显示出清晰的DNA条带，回收显色液。凝胶用自来水清洗2～3次，取出凝胶，平放在观胶台上，照相并观察记录实验结果。

6. 基因池多态性标记的筛选 利用‘西大1A’和*pyr1*的多态性标记，参照5. 中描述的方法筛选NGB和MGB中也具有多态性的标记，并初步判定为可能连锁标记。注：*pyr1*的可能连锁标记是RM7202。

7. 连锁标记的确定 以亲本‘西大1A’和*pyr1*为对照，将PCR扩增的F_2群体中的 10 株典型正常单株（阳性株）和 20 株典型突变单株（隐性株）置于 30%丙烯酰胺凝胶（29∶1）电泳中检测，从而确定标记的连锁性，判定方法如下。

1）记带：在凝胶中，具有‘西大 1A’带纹的记为 *A*，具有 *pyr1* 带纹的记为 *B*，具有‘西大 1A’×*pyr1* F_1 带纹的记为 *H*。

2）分析：利用公式［（$H+2A$）/$2n$］×100%计算 F_2 隐性单株的交换值，其中，*n* 表示用于连锁分析的 F_2 隐性单株数目。如果某一标记的交换值小于 20%，判定为连锁；介于 20%～25%，判定为基本连锁（需要进一步利用附近的引物验证）；大于 25%，判定为不连锁。

在上述连锁分析中，应利用 10 株阳性正常株剔除偏分离标记。根据孟德尔分离定律，AA∶Aa∶aa＝1∶2∶1，F_2 群体中的 10 株显性正常单株的条带应为 *A* 和 *H* 带，且 *A*∶*H* 的数量比约为 1∶2。如果某一标记的正常单株中出现了 2 个以上的 *B* 带，则该标记位点可能存在偏分离现象，即使交换值小于 20%，也应判定为不连锁。

8．初步定位区间的确定　利用初步连锁标记分析 1～70 个 F_2 隐性单株，进一步核定连锁。以连锁标记为中心，左右各设计 4 对 SSR 引物，分析亲本之间的多态性，利用具有多态性的标记进一步分析 1～70 个 F_2 隐性单株，标记条带，判定定位区间。例如，*pyr1* 的初步连锁标记是 RM7202，右侧设计了 4 对亲本具有多态性的 SSR 引物，分别为 RM11694、RM11722、RM11787 和 RM3825，70 个 F_2 隐性单株分析表明这 4 个标记均连锁。同时发现，RM11694 的交换株包含 RM11722，RM3825 的交换株包含 RM11787，RM11722 和 RM11787 的交换株不同，从而最终将 *PYR1* 基因初步定位在标记 RM11722 和 RM11787 之间。

六、作业

1．在‘西大 1A’×*pyr1* 的 F_2 群体中，取 10 株典型正常单株叶片的目的是什么？

2．在基因定位中，为什么用 SSR 标记？其有哪些优点？

3．交换率与遗传率的区别是什么？

实验二十四　外源 DNA 与质粒载体的连接

一、实验目的

学习并掌握 PCR 产物的 T-A 克隆技术。

二、实验原理

克隆 PCR 产物的方法很多，如平末端克隆、黏性末端克隆等，其中 T-A 克隆法直接而简便，应用很广泛。

耐热性 *Taq* DNA 聚合酶具有末端转移酶活性，在 4 种脱氧核苷酸的存在下，可在 PCR 产物片段 3′-OH 端偏好性地添加一个 A 碱基，形成两端带有单个 3′-dA 尾巴的 DNA 片段，而 T 载体为 3′端带有 T 碱基的线状载体。根据碱基互补配对原则，T 碱基与 A 碱基发生互补配对，在连接酶的催化作用下，将 PCR 产物片段连接到 T 载体中，形成含有目的片段的重组载体，该连接液可以直接用于细菌的转化。

三、实验材料

PCR 产物回收片段。

四、实验用品

1．仪器用具 恒温培养箱、PCR 扩增管、离心机、微量移液器、冰盒等。

2．药品试剂 连接 10×buffer、pMD™19-T 表达载体（图 8.1）等。

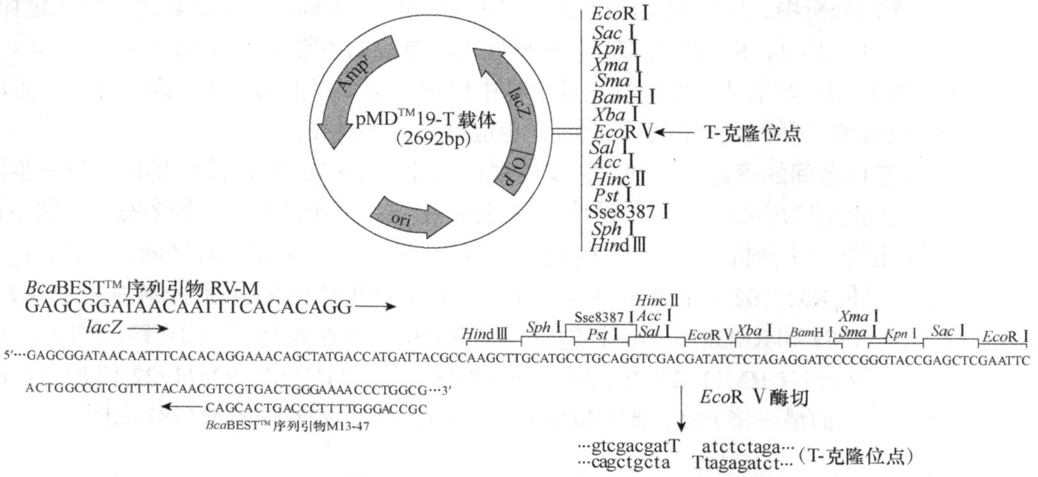

图 8.1 pMD™19-T 表达载体的结构（pMD™19-T 说明书）

五、实验步骤

1）在冰盒上向 1 个 PCR 扩增管中加入 0.1～0.3pmol PCR 产物回收片段、1μL pMD™19-T 载体、5μL Solution Ⅰ，用 ddH_2O 补足至总体积为 10μL，轻轻混匀。其中，pMD™19-T 载体与 PCR 产物回收片段的摩尔比以 1∶（3～10）为最佳，1μL（50ng）pMD™19-T 载体为 0.03pmol，PCR 产物回收片段的使用量（ng）＝nmol 数×660×PCR 产物回收片段的 bp 数。

2）将混合物置于 16℃条件下连接 4h 以上，获得重组 pMD™19-T 载体，用于转化大肠杆菌 DH5α 感受态细胞。

六、作业

1．使用 T 载体应注意哪些问题？

2．如何鉴定目的片段是否连入质粒载体？

实验二十五 大肠杆菌的遗传转化

一、实验目的

通过实验了解原核生物实现基因转移的一种途径，掌握质粒 DNA 遗传转化的基本原理和操作方法。

二、实验原理

转化是某一基因型的细胞从周围介质中吸收来自另一基因型细胞的 DNA 而使它的基因型和表现型发生相应变化的现象。最基本和最经典的转化方法是 $CaCl_2$ 转化法，将对数生长期的新鲜幼嫩的受体细胞进行理化处理（即致敏过程），使之处于易接受外源 DNA 片段的生理状态，即成为感受态细胞。大肠杆菌处于 0℃和 $CaCl_2$ 低渗溶液中时，细胞发生膨胀，呈球状，部分膜蛋白丢失，进而细胞膜的通透性发生暂时性改变，转化混合物中的 DNA 形成抗 DNase 的羟基–钙磷酸复合物，黏附于大肠杆菌的细胞表面，经 42℃短时间热激处理后，吸收外源 DNA 复合物，培养几小时之后，在被转化的细胞中，外源基因得到表达。

三、实验材料

重组 pMD^{TM}19-T 载体。

四、实验用品

1．仪器用具　冰盒、水浴锅、超净工作台、小型膜注射式过滤器、离心管、离心盒、恒温摇床、恒温培养箱、移液枪、不锈钢涂布棒、Parafilm 封口膜、直径 90mm 的培养皿等。

2．药品试剂　5-溴-4-氯-3-吲哚-β-D-半乳糖苷（X-gal）、二甲基甲酰胺（DMF）、异丙基硫代-β-D-半乳糖苷（IPTG）、氨苄青霉素（Amp）、双蒸水、LB 培养液、LB 平板、pMD^{TM}19-T 载体、大肠杆菌 DH5α 感受态细胞等。

3．试剂和培养基配制

（1）20mg/mL X-gal 溶液　称取 0.2g X-gal，加入 10mL DMF，充分溶解，分装于 1.5mL 离心管中，－20℃避光贮存。

（2）200mg/mL IPTG 溶液　称取 0.5g IPTG 粉末，溶于 2mL 双蒸水中，补加蒸馏水至 2.5mL，用小型膜注射式过滤器（内含孔径为 0.22μm 的灭菌滤膜）过滤除菌，分装于 1.5mL 离心管中，每管约 1mL，－20℃冻存。

（3）10mg/mL Amp 溶液　称取 1g Amp 粉末，置于 90mL 双蒸水中充分溶解，定容至 100mL，然后用 0.22μm 灭菌滤膜过滤除菌，分装于 1.5mL 离心管中，存于－20℃。

（4）含 50μg/L Amp 的 LB 平板

1）LB 培养液：分别称取 10g 胰蛋白胨、5g 酵母提取物、5g 氯化钠，用 800mL 双蒸水充分溶解，定容至 1L，装入玻璃瓶中，高温灭菌，置于 4℃冰箱中保存。

2）LB 固体培养基：向 LB 液体培养液中加入 7.5g 琼脂粉/L 即为 LB 固体培养基，与干净的培养皿一起高温灭菌。

3）取出装有 LB 固体培养基高温液体的玻璃瓶和培养皿，放在超净工作台上冷却。

4）待玻璃瓶降温至 50℃时，加入 Amp 并混匀，迅速将含 Amp 的 LB 液体培养基倒入直径 90mm 的培养皿中，每块平板约 25mL，厚度为 1～2cm。加 Amp 时，按每 100mL LB

液体培养基加 0.5～2.0μL 10mg/mL Amp 溶液，即为 50～200μg/L Amp。

5）待 LB 液体培养基凝固后盖上盖子，用 Parafilm 封口膜封好，置 4℃冰箱中储存。

五、实验步骤

1）从－80℃超低温冰箱中迅速取出装有 50μL 大肠杆菌 DH5α 感受态细胞的离心管，放入冰盒中待离心管中的感受态细胞融化，约 5min。

2）加入 2～5μL 待转化的重组 pMD^{TM}19-T 载体，冰浴 30min。

3）将离心管放入 42℃水浴锅中，热激 80～90s。

4）将离心管迅速放入冰盒中，冰浴 2min。

5）在超净工作台上，加 1mL LB 培养液于离心管中。

6）将离心管放入离心盒中，在 37℃、220r/min 恒温摇床中培养 1.5h。

7）提前将含 50μg/L Amp 的 LB 平板放于 37℃恒温培养箱中预热 1h。

8）在超净工作台上，取 25μL X-gal（20mg/mL）和 3μL IPTG（200mg/mL）与 100μL 无菌双蒸水混匀，然后将混合液用灭菌的涂布棒均匀地涂布在含 50μg/L Amp 的 LB 平板上，晾干，即得 X-gal 平板。

9）取出在恒温摇床中培养的离心管，500r/min 离心 5min。

10）在超净工作台上，倒掉上清液，用移液枪吸吹残留的液体几次，以使离心管底部的菌体重悬均匀，吸出混合菌液，均匀涂抹于 X-gal 平板上。

11）将涂好的 X-gal 平板用 Parafilm 封口膜密封，放入 37℃恒温培养箱中倒置培养 20～24h，至单斑直径约 1mm、蓝白斑显色充分。

12）统计 X-gal 平板上的白色菌落，计算每微克质粒的转化率和连接重组率。

$$\text{转化率}=\frac{\text{平板上的白色菌落数}+\text{蓝色菌落数}}{\text{质粒DNA（μg）}}$$

$$\text{连接重组率}=\frac{\text{白斑数}}{\text{（白斑数}+\text{蓝斑数）}}\times 100\%$$

六、作业

1. 记录平板上长出的菌落数，计算质粒的转化率和连接重组率。
2. 在转化过程中，会不会出现假阳性和假阴性？为什么？

实验二十六　根癌农杆菌介导的植物遗传转化

一、实验目的

1. 了解根癌农杆菌介导法的基本原理和步骤。
2. 掌握烟草遗传转化的基本操作技术。

二、实验原理

农杆菌介导法操作简单、周期短、转化率较高且稳定遗传，是一种常用的植物细胞遗传转化方法。目前，通过该方法已获得约80%的转基因植物。

农杆菌主要有根癌农杆菌和发根农杆菌两种，二者均与植物基因转化密切相关。根癌农杆菌（*Agrobacterium tumefaciens*）是土壤中的一种革兰氏阴性细菌，含有Ti质粒。当植物受伤时，会分泌出含诱导能力较强的小分子酚类化合物乙酰丁香酮（acetosyringone，AS）和羟基乙酰丁香酮（hydroxy-acetosyringone，OH-AS）的汁液，在它们的介导下，根癌农杆菌会产生趋化性，向植物受伤部位移动，诱导植物细胞形成冠瘿瘤。目前，根癌农杆菌主要感染双子叶植物和裸子植物，也感染少数单子叶植物。

Ti 质粒是根癌农杆菌染色体外的遗传物质，为双链共价闭合环状DNA分子，包括T-DNA区、Vir区、Con区和Ori区。T-DNA区能与植物DNA结合，常将目的基因插入T-DNA区。Vir区位于T-DNA的左侧，VirA蛋白与酚类物质乙酰丁香酮结合，导致VirG蛋白磷酸化，使VirG蛋白从非活性状态转变成活性状态。*VirD*基因编码限制性内切核酸酶，将T-DNA的RB序列和LB序列切出单链切口，释放出T-DNA的单链线性拷贝T-链。VirB蛋白可能参与转运T-链复合物穿过通道。Con区上的*tra*基因调控Ti质粒在农杆菌之间的转移。Ori区基因调控Ti质粒的自我复制起始。

当受伤植物处在含适量根癌农杆菌的环境下时，AS和OH-AS会激活Ti质粒中Vir区基因表达，同时T-DNA被加工、剪切、复制、转运，并整合到植物染色体基因组中，形成稳定的转化细胞，通过有性世代遗传给后代。

三、实验材料

转基因受体烟草（*Nicotiana tabacum* cv. Xanthi.）、含有*NPT II*筛选标记基因的表达载体pGS、根癌农杆菌（*Agrobacterium tumefaciens*）菌株LBA4404。

四、实验用品

1．仪器用具 摇床、超净工作台、冰箱、移液枪、镊子、手术刀、酒精灯、棉球、培养皿、锥形瓶、滤纸、牛皮纸、牙签等。

2．药品试剂 胰蛋白胨、酵母提取物、氯化钠、甲醇、乙酰丁香酮（AS）、6-苄基嘌呤（6-BA）、α-萘乙酸（NAA）、头孢霉素（Cef）、卡那霉素（Kan）、琼脂粉、蔗糖、无菌水等。

3．试剂配制

1）LB培养液和固体培养基的配制：参考“实验二十五大肠杆菌的遗传转化”部分。

2）100mmol/L AS母液：先用少量甲醇将1.962g AS溶解，再用蒸馏水定容至100mL，然后用0.22μm灭菌滤膜过滤除菌，分装成小份，保存于−20℃冰箱。

3）0.1mg/mL 6-BA母液：称取0.1g 6-BA用微量盐酸溶解，再用无菌蒸馏水定容至1L。

4）0.1mg/L NAA母液：称取0.1g 6-BA用微量NaOH溶解，再用无菌蒸馏水定容至1L。

5）50mg/mL Cef母液：称取5g Cef溶于蒸馏水中，定容至100mL，然后用0.22μm灭菌滤膜过滤除菌，分装成小份，保存于−20℃冰箱。

6）50mg/mL Kan母液：称取5g Kan溶于蒸馏水中，定容至100mL，然后用0.22μm灭菌滤膜过滤除菌，分装成小份，保存于−20℃冰箱。

7）MS 培养基：4.43g/L MS 干粉培养基＋30g/L 蔗糖＋7g/L 琼脂（液体不加），用 KOH 调节 pH 至 5.6～5.8，121℃高压湿热灭菌。

8）分化培养基：4.43g/L MS 干粉培养基＋0.1mg/L NAA＋2.0mg/L 6-BA＋30g/L 蔗糖＋7g/L 琼脂，121℃高压湿热灭菌。

9）筛选培养基：4.43g/L MS 干粉培养基＋0.1mg/L NAA＋2.0mg/L 6-BA＋50mg/L Kan＋400mg/L Cef＋30g/L 蔗糖＋7g/L 琼脂，121℃高压湿热灭菌。

10）生根培养基：4.43g/L MS 干粉培养基＋0.1mg/L NAA＋50mg/L Kan＋400mg/L Cef＋30g/L 蔗糖＋7g/L 琼脂，121℃高压湿热灭菌。

五、实验步骤

（一）农杆菌的转化

1）向农杆菌 LBA4404 感受态细胞中加入 10μL 质粒 DNA，轻轻混匀。

2）冰浴 30min 之后，将感受态细胞置于液氮中冷冻 8min，然后迅速置于 37℃水浴锅水浴 5min，再冰浴 2min。

3）在超净工作台上，加入无抗生素的 LB 液体培养基 850μL，上下颠倒混匀，于 225r/min 摇床上 28℃培养 4h。

4）培养 4h 后，4000r/min 离心 5min，除去 800μL 上清液，用无菌枪头吹打混匀。

5）将剩余悬浮液涂布于含有 50μg/mL Kan 的 LB 固体培养基平板上，表面要涂至干燥为止。

6）将涂好的平板置于 28℃烘箱中培养 2d。

7）在平板上挑取单克隆进行 PCR 检测。

（二）烟草的遗传转化

1．烟草无菌苗培养　将烟草种子放入 1.5mL 无菌离心管中，用 75%乙醇消毒 30s，用无菌水清洗 1 次，再用 10%次氯酸钠消毒 6～8min，用无菌水清洗 3～5 次，播种于 MS 固体培养基上。培养条件为 28℃光照培养 16h、25℃黑暗培养 8h。

2．叶盘法侵染

1）将无菌烟草叶片剪成 1cm×1cm 的正方形叶盘（最好现用现剪，剪去叶片边缘及主脉四周形成伤口）。

2）取 600～700μL 菌液加到 50mL 无抗生素的 LB 液体培养基中，在 28℃、225r/min 摇床上振荡培养 4h 至 OD_{600} 值为 0.6～0.8，然后 4℃、4000r/min 离心 10min，倒掉上清液，将菌体在 20mL 冰冷的 MS 液体培养基中悬浮备用。

3）将提前剪好的正方形叶盘移至无菌瓶中，加入悬浮液侵染 5min。

4）将叶盘移至无菌滤纸上吸干表面多余的菌液，然后移至分化培养基中暗培养 2d。

5）把侵染后的叶盘移至烟草筛选培养基中培养，每 2 周继代 1 次，直至生长出 2～3cm 的再生芽。

3．烟草转基因植株获得

1）切下筛选培养基中的再生芽，插入生根培养基中诱导生根。

2）待根系长至 2～3cm 时，取出再生植株，洗净根部琼脂，水培炼苗 3d，移栽入营养钵中，让幼苗在阳光下自然生长。

六、作业

1. 分析假阳性植株出现的原因。
2. 影响外源基因转化效率的因素有哪些？

实验二十七　拟南芥原生质体的提取与蛋白质的亚细胞定位

一、实验目的

1. 掌握植物蛋白质亚细胞定位的原理、技术和方法。
2. 学习拟南芥原生质体提取的原理与方法。
3. 了解激光扫描共聚焦显微镜的原理与使用方法。

二、实验原理

1. 蛋白质亚细胞定位的原理　亚细胞定位是指确定某种蛋白或表达产物在细胞内的具体存在部位，如在细胞核、细胞质、细胞膜或某一特定细胞器上存在。蛋白质的亚细胞定位可采取多种方法，包括生物信息学预测、免疫胶体金标记、多肽序列分析及报告基因融合瞬时表达等。目前植物蛋白质的亚细胞定位主要应用报告基因融合瞬时表达法，瞬时表达技术结合报告基因可以有效跟踪融合产物在细胞内的运输、亚细胞定位及代谢。其原理是将目的蛋白与报告基因（如绿色荧光蛋白基因 *EGFP*、红色荧光蛋白基因 *Dsred* 等）融合，并利用瞬时表达技术转染之后有效表达。例如，GFP 的分子质量为 27kDa，经激光扫描共聚焦显微镜激光照射后，可产生一种绿色荧光，通过观察荧光的表达部位就能确定目的蛋白在细胞内的定位，从而对蛋白质进行精确定位。

亚细胞定位瞬时表达的宿主载体主要有拟南芥原生质体、烟草叶片、洋葱表皮细胞等。原生质体作为一种细胞水平的研究系统，具有很好的均一性，由于没有细胞壁等特点，它可以排除细胞之间的相互影响，单独考察一个细胞的全能性。此外，由于它不受植物细胞壁的限制，其质膜经过一定处理可以摄取外源物质（如细胞器、病毒、DNA 等），是遗传转化的理想受体系统。其中聚乙二醇（PEG）介导的转化是拟南芥瞬时表达体系最常用的方法。PEG 作为一种高分子化合物，其 20%～50%的浓度能对原生质体产生瞬间冲击效应，使原生质体很快发生收缩与粘连。PEG 也能连接 Ca^{2+} 等阳离子，Ca^{2+}可在带负电荷的质粒 DNA、PEG 之间形成桥，从而促使质粒进入原生质体。

2. 原生质体提取的原理　植物原生质体是除去细胞壁后为原生质所包围的“裸露细胞”，是开展基础研究的理想材料。其中，酶解法分离原生质体是一种常用的技术，其原理是植物细胞壁主要由纤维素、半纤维素和果胶质组成，因而使用纤维素酶、半纤维素酶和果胶酶能降解细胞壁成分，除去细胞壁，即可得到原生质体。由于原生质体内部与外界环境之间仅隔一层薄薄的细胞膜，必须在渗透压平衡的溶液中才能保持其完整性。另外，还应当考虑取材、酶的种类和纯度、酶液的渗透压、酶解时间及温度等因素对分离原生质体的影响。

3．激光扫描共聚焦显微镜的工作原理　激光扫描共聚焦显微技术（laser scanning confocal microscopy）是一种高分辨率的显微成像技术。利用普通的荧光光学显微镜在对较厚的标本（如细胞）进行观察时，来自观察点邻近区域的荧光会对结构的分辨率形成较大的干扰。激光扫描共聚焦显微镜采用激光作为光源，激发标记在目的蛋白上的荧光基团，采用共轭聚焦的原理和装置，并通过CCD（电荷偶合器件）来收集荧光信号。其关键点在于，每次只对空间上的一个点（焦点）进行成像，再通过计算机控制一点一点地扫描从而得到单一层面或多重层面甚至立体的图像。在此过程中，来自焦点以外的光信号不会对图像形成干扰，从而大大提高了显微图像的清晰度和细节分辨能力，因此极适于进行活细胞内蛋白质、核酸等的定位及活体动态研究。

三、实验材料

拟南芥（*Arabidopsis thaliana*，$2n=10$）叶片。

四、实验用品

1．仪器用具　激光扫描共聚焦显微镜、荧光显微镜、离心机、恒温水浴锅、电子天平、pH计、真空泵、制冰机、微量可调加液器、载玻片、盖玻片、0.45μm滤膜、100目筛子、各种容量瓶、试剂瓶及烧杯、培养皿、玻璃棒、剪刀、镊子、各种离心管、刀片、标签、铅笔、锡箔纸等。

2．药品试剂　纤维素酶（cellulase R10）、果胶酶（pectinase）、甘露醇（mannitol）、氯化钾（KCl）、2-吗啉乙磺酸（MES）、氯化钙（$CaCl_2 \cdot H_2O$）、牛血清白蛋白（BSA）、β-巯基乙醇（β-mercaptoethanol）、PEG4000、灭菌双蒸水（ddH_2O）、氯化钠（NaCl）、葡萄糖（glucose）、氯化镁（$MgCl_2$）、氢氧化钾（KOH）、盐酸等。

3．试剂配制

1）纤维素酶解液：称取0.225g纤维素酶、0.045g果胶酶和1.09g甘露醇，加入1mL 0.3mol/L KCl和1mL 0.3mol/L pH 5.7 MES，用10mL ddH_2O溶解，放入55℃水浴中加热10min使其充分溶解，冷却至室温后加入1mL 0.15mol/L $CaCl_2$、1mL 1.5% BSA（4℃保存）和1mL 75mmol/L β-巯基乙醇并混匀，然后用0.45μm灭菌滤膜过滤除菌，4℃保存。

2）PEG4000溶液：称取4g PEG4000、0.7288g甘露醇和0.314g $CaCl_2 \cdot H_2O$，用3mL ddH_2O溶解，定容至10mL。一次配制可以保存5d，但是最好现配现用。

3）W5溶液：称取9g NaCl、18.4g $CaCl_2 \cdot H_2O$、0.37g KCl、0.9g葡萄糖和0.3g 2-吗啉乙磺酸，用适量ddH_2O溶解，用KOH调pH至5.7，定容至1000mL，然后用0.45μm灭菌滤膜过滤除菌，室温保存。

4）MMG溶液：称取0.71g $MgCl_2$、0.5g MES和36.5g甘露醇，用适量ddH_2O溶解，用KOH调pH至5.7，定容至500mL，然后用0.45μm灭菌滤膜过滤除菌，室温保存。

5）WI溶液：称取18.217g甘露醇、0.3g MES和0.12g KCl，用适量ddH_2O溶解，用

KOH 调 pH 至 5.7，定容至 500mL，然后用 0.45μm 灭菌滤膜过滤除菌，室温保存。

五、实验步骤

1．原生质体的提取

1）在土培室播种种植拟南芥。

2）在生长良好的情况下，在未开花前用取材叶片制备原生质体。

3）剪取中部生长良好的叶片，用刀片切成宽 0.5～1mm 的叶条。

4）将切好的叶条掷入预先配制好的酶解液中（每 5～10mL 酶解液需 10～20 片叶子），并用镊子帮助以使叶子完全浸入酶解液。

5）用真空泵于黑暗中抽 30min。（此时可配制 PEG4000 溶液，将 200μL 和 1000μL 枪头去尖以便操作时吸打缓和。）

6）在室温中无需摇动，继续在黑暗条件下酶解至少 3h。当酶解液变绿时，轻轻摇晃培养皿促使原生质体释放出来。（此时预冷一定量的 W5 溶液。）

7）在显微镜下检查溶液中的原生质体，拟南芥叶肉原生质体的大小为 30～50μm。

8）在过滤除去未溶解的叶片前，用等量的 W5 溶液稀释含有原生质体的酶液。

9）先用 W5 溶液润湿 100 目筛子，然后用它过滤含有原生质体的酶解液。

10）用 30mL 的圆底离心管 1000r/min 离心 1～2min，沉淀原生质体。尽量去除上清，然后用 10mL 在冰上预冷的 W5 溶液轻柔重悬原生质体。

11）原生质体在冰上静置 30min。

以下操作在室温 23℃条件下进行。

12）1200r/min 离心 8～10min，使原生质体沉淀在管底。在不碰触原生质体沉淀的情况下尽量去除 W5 溶液。然后用适量 MMG 溶液（1mL）重悬原生质体，使其最终浓度为 2×10^5 个/mL。

2．原生质体的转化

1）加入 10μL DNA（10～20μg 5～10kb 的质粒 DNA）至 2mL 离心管中。

2）加入 100μL 原生质体（2×10^4 个），轻柔混合。

3）加入 110μL PEG4000 溶液，轻柔拍打离心管至完全混合（每次可以转化 6～10 个样品）。

4）诱导转化混合物 5～15min（转化时间视实验情况而定，要使表达量更高也许需要更长的转化时间）。

5）室温下用 400～440μL W5 溶液稀释转化混合液，然后轻柔颠倒摇动离心管使之混合完好以终止转化反应。

6）室温下用台式离心机 1200r/min 离心 2min，然后去除上清，再加入 1mL W5 溶液悬浮清洗一次，1200r/min 离心 2min，弃上清。

7）用 1mL WI 溶液轻柔重悬原生质体，置于多孔组织培养皿中。

8）在室温下（20～25℃）诱导原生质体 18h 以上。

9）在激光扫描共聚焦显微镜下观察 GFP 标签表达。

六、作业

1．基于报告基因瞬时表达的亚细胞定位的原理和特点分别是什么？
2．本实验提供的目的蛋白定位在什么亚细胞结构中？

实验二十八　植物遗传转化报告基因 *GUS* 的细胞化学鉴定

一、实验目的

1．了解报告基因 *GUS* 的特点。
2．掌握 *GUS* 基因的表达检测方法。

二、实验原理

GUS 基因就是β-葡糖醛酸糖苷酶基因，它存在于大肠杆菌 K12、葡萄球菌等一些细菌的基因组内，编码β-葡糖醛酸糖苷酶，β-葡糖醛酸糖苷酶是一种水解酶。由于绝大多数植物的细胞内不存在内源性的葡糖醛酸糖苷酶活性，因此这个基因广泛用作转基因植物的报告基因，特别是外源基因瞬时表达的转化实验。根据 *GUS* 基因检测的底物不同，可以选择不同的检测方法：组织化学法、分光光度法和荧光法，其中最为常用的是组织化学法。

组织化学法主要用于定性研究 GUS 融合蛋白表达的亚细胞定位，多以 5-溴-4-氯-3-吲哚-β-葡萄糖苷酸（X-gluc）作为反应底物。用含有底物的缓冲液浸泡被检材料，若转 *GUS* 基因的组织细胞能表达出 GUS，即β-葡糖醛酸糖苷酶，则在适宜的条件下，该酶可将 X-gluc 水解，产生无色的吲哚氧基中间物，再经氧化二聚化作用形成不溶的深蓝色染料 5, 5′-二溴-4, 4′-二氯靛蓝，使具有 GUS 活性的部位或位点呈现蓝色，可直接肉眼观察或在显微镜下观察外源基因表达的特定器官、组织部位，甚至单个细胞。另外，在一定程度上还可根据染色深浅分析 GUS 活性。

三、实验材料

含 *GUS* 的转基因植物组织、原生质体、胚及幼苗等；非转化的相同材料为阴性对照。

四、实验用品

1．仪器用具　1.5mL 离心管、单面刀片、真空冷干浓缩机、恒温培养箱、生物显微镜等。

2．药品试剂　X-gluc 粉末、二甲基亚砜（DMSO）、EDTA-Na_2、Na_2HPO_4、NaH_2PO_4、$K_3Fe(CN)_6$、$K_4Fe(CN)_6$、甲醇、Triton-X100、双蒸水（ddH_2O）、75%乙醇、95%乙醇等。

3．试剂配制

1）10mg/mL X-gluc 溶液：称量 100mg X-gluc 粉末，用少量 DMSO（约 1mL）助溶，完全溶解后用水定容至 10mL，分装成每管 100μL，保存于－20℃。

2）0.25mol/L pH 8.0 EDTA-Na_2 溶液的配制：参考“实验十一植物染色体原位杂交”部分。

3）1mol/L Na_2HPO_4溶液：称取 35.81g Na_2HPO_4，加入 ddH_2O 溶解并定容至 100mL，在 37℃烘箱中放置 1h 左右，使溶液中的固体完全溶解。

4）1mol/L NaH_2PO_4溶液：称取 15.60g NaH_2PO_4，加入 ddH_2O 溶解并定容至 100mL，在 37℃烘箱中放置 1h 左右，使溶液中的固体完全溶解。

5）25mmol/L $K_3Fe(CN)_6$溶液：称取 0.823g $K_3Fe(CN)_6$固体，加入 ddH_2O 溶解并定容至 100mL。

6）25mmol/L $K_4Fe(CN)_6$溶液：称取 1.056g $K_4Fe(CN)_6$固体，加入 ddH_2O 溶解并定容至 100mL。

7）250mL 缓冲液：分别量取 14.42mL 1mol/L Na_2HPO_4、10.58mL 1mol/L NaH_2PO_4、60.24mL 甲醇和 164.76mL ddH_2O，混匀。

8）250mL GUS 工作液：分别量取 10mL 10mg/mL X-gluc 溶液、10mL 0.25mol/L pH 8.0 EDTA-Na_2 溶液、5mL 25mmol/L $K_3Fe(CN)_6$溶液、5mL 25mmol/L $K_4Fe(CN)_6$溶液、12.5mL Triton-X100 和 207.5mL 缓冲液，充分混匀。

五、实验步骤

1）取 2 支 1.5mL 离心管，分别加入适量工作液，以工作液浸没材料为最佳。

2）将含 *GUS* 的转基因材料和非转化的材料直接或切成薄片（1～3mm）分别浸没在上述 GUS 工作液中。当材料组织较大时，宜用真空渗入法帮助底物渗入细胞。例如，取水稻植株的 5 根幼根直接放入 0.3mL GUS 工作液中。

3）在 37℃恒温培养箱中保温 1h 至过夜。例如，水稻的幼根需约 30min。

4）倒掉离心管中的工作液，加入 75%或 95%乙醇脱色 2～3 次，至阴性对照材料呈白色。例如，在水稻的幼根中加入 75%乙醇脱色 2 次，每次 30min。

5）用肉眼或在显微镜下观察染色情况并拍照。

六、作业

1. 观察并鉴定两种植株的 GUS 染色情况。
2. 根据着色情况初步分析 *GUS* 基因表达最多的部位。

实验二十九　植物基因编辑——CRISPR/Cas9 技术

一、实验目的

1. 学习基因编辑技术 CRISPR/Cas9 的原理和方法。
2. 掌握 CRISPR/Cas9 过程中涉及的各种分子生物学的基本操作。
3. 了解基因功能的研究思路。

二、实验原理

基因编辑技术是最近较为流行的一项技术，以前这项技术的前身叫作转基因或基因打靶。早先出现的锌指核酸酶（zinc finger nuclease，ZFN）、转录激活因子样效应物核酸酶（transcription activator-like effector nuclease，TALEN）等基因编辑技术的操作较为烦琐、成本昂贵、表达载体构建困难，导致广泛应用难度大。成簇的规律间隔性短回文重复序列及相关核酸酶 9（clustered regularly interspaced short palindromic repeats/CRISPR-asso-ciated 9，CRISPR/Cas9）系统具有表达载体构建简单、成本低的优点，可同时定点修饰多个靶位点，靶向效率更高，几乎任何分子生物学实验室都可以开展，因此其迅速成为研究者的首选，并且在各个物种上广泛应用。CRISPR/Cas9 基因编辑技术的原理如下。

1．CRISPR/Cas 系统的组成（图 8.2） A 是 CRISPR 序列，B 是 CRISPR/Cas9 整个系统的组成。CRISPR 序列由一个前导区（leader）、多个高度保守重复序列（repeat）和彼此完全不相同的间隔序列（spacer）组成，后两者在前导区后面交替出现，三者串连组成完整的 CRISPR 序列。前导区的长度通常为 300～500bp，富含 AT 碱基，该序列在细菌的种内非常保守，但在种间却差异显著。重复序列的长度一般为 23～50bp，平均长度约为 31bp。重复序列在同一个 CRISPR 位点中是高度保守的。一般情况下，Cas 蛋白的基因位于 CRISPR 位点下游，但有时也会分散分布在基因组中。

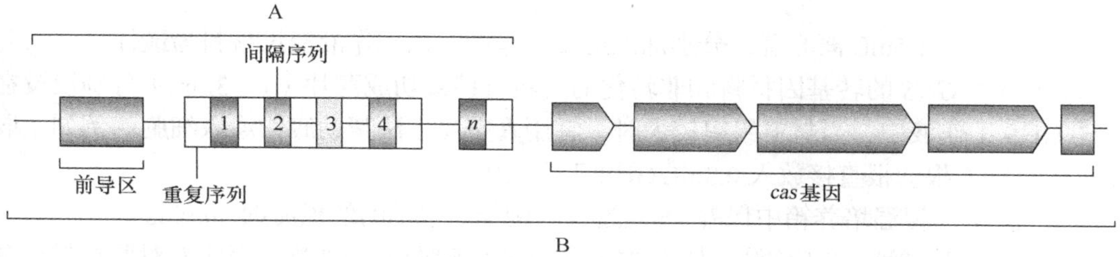

图 8.2 CRISPR 位点结构示意图

分别源于大肠杆菌（*Escherichia coli*）、嗜热链球菌（*Streptococcus thermophilus*）及嗜热古细菌（*Pyrococcus furiosus*）的 Cas 蛋白见图 8.3。三种类型 CRISPR/Cas 系统中共有的 *cas1* 和 *cas2* 基因标为白色，每种类型独有的蛋白（Ⅰ型，*cas3*；Ⅱ型，*cas9*；Ⅲ型，*cas10*）标为黑色，灰色标记的蛋白是类型依赖型 *cas* 基因（如 *cas4*，*cas5*，*cas6*，*cas7*）。一般将 CRISPR 系统分为三类，Ⅱ型最显著的特点是拥有 Cas9 蛋白，参与 pre-crRNA 加工并识

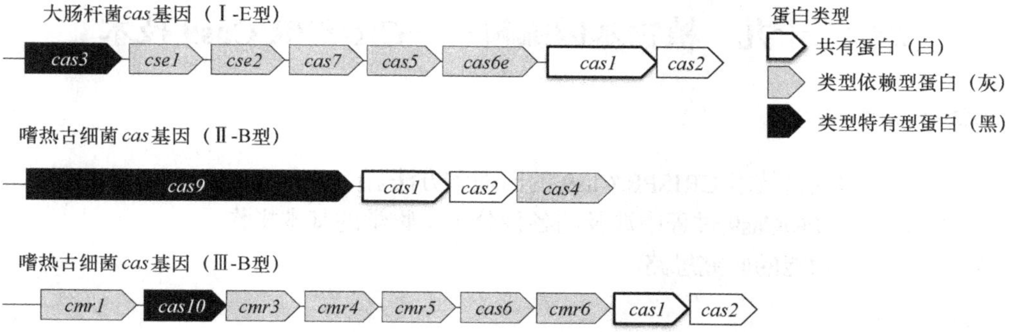

图 8.3 不同来源的 CRISPR 系统中的 Cas 蛋白

别成熟的 crRNA，是整个 CRISPR/Cas9 基因编辑系统的基础。因此研究者对Ⅱ型的 CRISPR/Cas 系统的研究最为深入，并成功地将其应用到基因组编辑技术中。

2．CRISPR/Cas 系统的工作原理 研究发现，CRISPR/Cas 系统是细菌和古细菌在长期进化过程中形成的一种获得性免疫系统，能够针对噬菌体感染、质粒接合和转化所造成的基因导入而形成特异性的防御机制，称为 CRISPR 干扰。该过程主要包括 3 个阶段：适应、表达和干扰（图 8.4）。

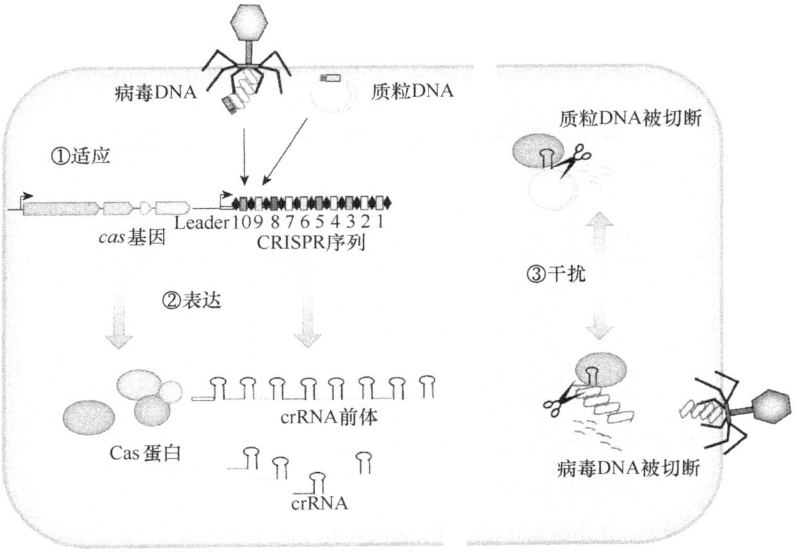

图 8.4　CRISPR/Cas 系统的工作原理示意图

①适应：当噬菌体 DNA 进入基因组中带有 CRISPR 系统的细菌内时，该宿主体内的 CRISPR 相关蛋白复合体会迅速与外源 DNA 结合，通过 Cas1 和 Cas2 等蛋白的作用，将该外源 DNA 切割成长度在 17～48bp 的小片段，然后在相关蛋白的作用下，将其中的一个小片段整合至 CRISPR 前导区与第一个重复序列之间，形成一个新的间隔序列。与这个区间同源的病毒 DNA 序列就叫作原间隔（protospacer）。每一次插入活动都紧随着重复序列的复制，进而形成一个新的重复-间隔单元。这样就使得该细菌中的 *CRISPR* 基因位点中保存了此种噬菌体的序列信息，为适应性免疫奠定了结构基础。②表达：当同类噬菌体再次进入已获得的新的重复-间隔单元的细菌中时，*CRISPR* 位点的转录水平迅速上升，转录成 crRNA 前体，然后在 Cas 蛋白的作用下生成成熟的 crRNA，crRNA 与 Cas 蛋白组成复合体在干扰阶段发挥作用。③干扰：crRNA 与 Cas 蛋白组成的复合体将会利用 crRNA 的匹配作用，在宿主体内寻找与其互补的噬菌体 DNA 片段，并与其特异性结合。此后蛋白复合体发挥作用，将噬菌体 DNA 双链剪短，导致其降解，从而达到特异性阻止噬菌体感染的目的。

CRISPR/Cas9 系统有三种类型，它们的工作原理都包含这三个步骤，不同之处在于通过不同的 Cas 蛋白来发挥作用。在Ⅰ型系统中，入侵的 DNA 由 Cascade:crRNA 复合体识别，Cas3 降解 DNA；在Ⅱ型系统中，Cas9、tracrRNA 及 crRNA 形成复合物，识别并降解外源 DNA；在Ⅲ型系统中，由一种多蛋白复合体促进前 crRNA 的成熟，并最终降解外源 DNA。

Ⅱ型 CRISPR 系统对外源双链 DNA 进行定点切割的过程分为以下几步（图 8.5）。

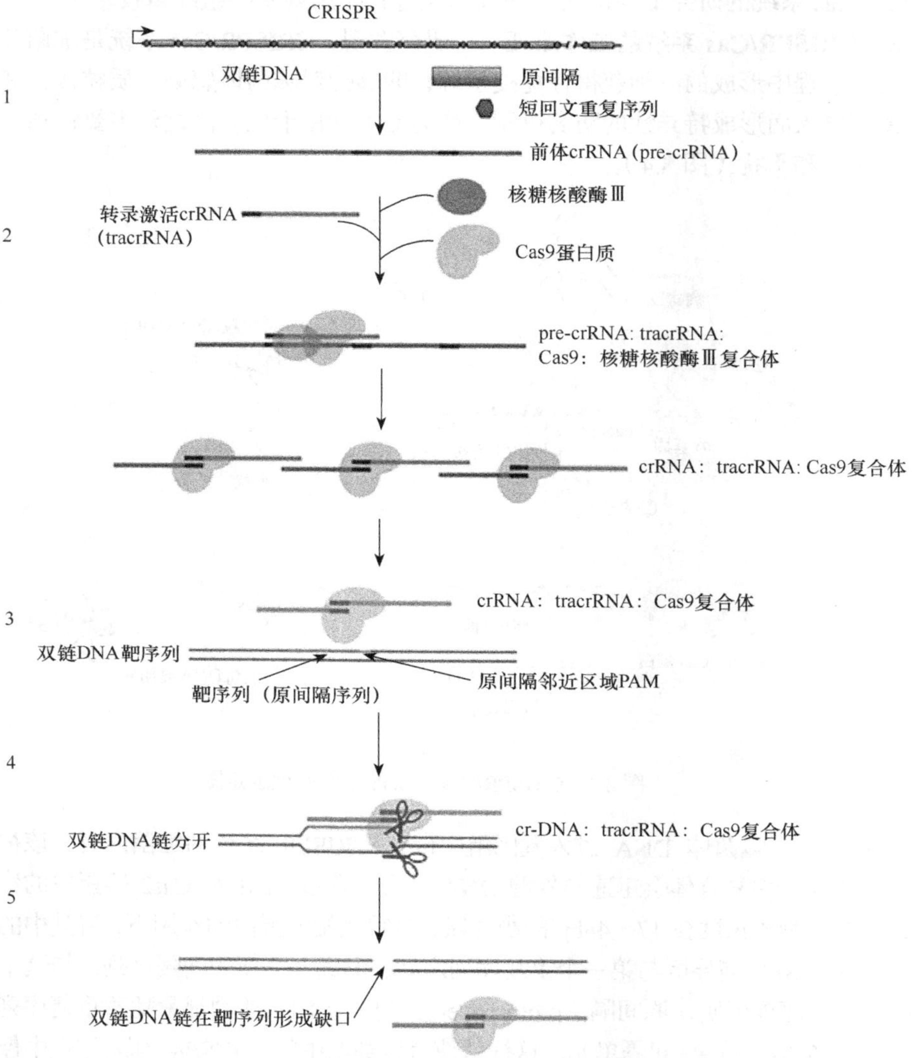

图 8.5 Ⅱ型 CRISPR/Cas 系统的工作原理

1）CRISPR 系统转录出 pre-crRNA 及 tracrRNA。tracrRNA 根据碱基互补配对原则与 pre-crRNA 形成二聚体，在相关蛋白的作用下，pre-crRNA 被加工为成熟的 crRNA。

2）tracrRNA 与 crRNA 及 Cas9 蛋白形成复合体。

3）成熟的 crRNA:tracrRNA 二聚体指导 Cas9 蛋白对外源基因中的靶序列进行识别。

4）识别过程是通过 crRNA 上的间隔序列与外源 DNA 上的原间隔序列的互补配对，以及 PAM 区的辅助配对实现的。

5）Cas9 蛋白中的 DNA 剪切结构域在外源基因固定的位置切开 DNA 双链。

Ⅱ型 CRISPR 系统在三种 CRISPR 系统中最为简单，所以很快就有科学家对其进行改造。2012 年，Doudna 等首先将 crRNA:tracrRNA 双链 RNA 二聚体改造成单链嵌合体，并且发现改造后的单链嵌合体能够发挥与双链二聚体相同的作用（图 8.6），在细菌和人类细胞中进行定点切割。这一改造造就了 CRISPR/Cas9 基因编辑系统。这条人工改造的单链 RNA 被命名为指导 RNA（guide RNA，gRNA）。这一改造的出现，为人工构建 CRISPR/Cas9 系统并使用其进行基因组编辑打下了基础。另外在该研究中，他们还发现Ⅱ型 CRISPR 系统中，Cas9 蛋白包含的 HNH 核酸酶结构域负责切割外源 DNA 与间隔序列互补的链，而 RuvC 结构域负责切割外源 DNA 的另一条链（图 8.7）。

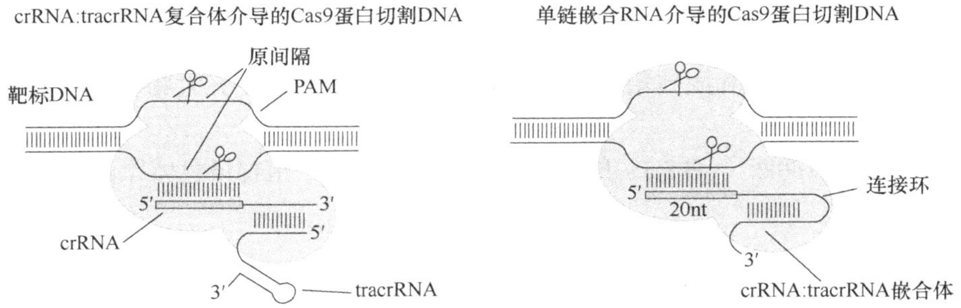

图 8.6　Ⅱ型 CRISPR/Cas 系统的改造

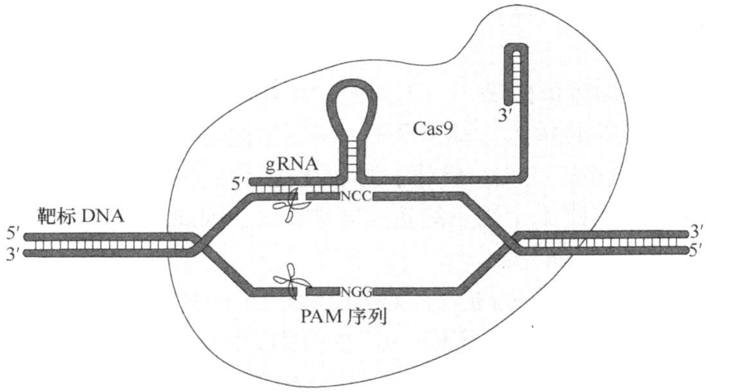

图 8.7　CRISPR/Cas9 结构示意图

三、实验材料

普通烟草（*Nicotiana tabacum*）红花大金元、Trans-T1 感受态细胞、LBA4404 感受态细胞、pYLCRISPR/Cas9 二元载体、pYLsgRNA 中间载体。

四、实验用品

1．仪器用具　NanoDrop2000c 紫外分光光度计、涡旋振荡仪、ZHWY-211C 型摇床、台式离心机、PCR 仪、移液枪、DYY-7Z 型琼脂糖凝胶电泳仪、烘箱、高压灭菌锅、制冰机、超净工作台、冰箱、超低温冰箱、光照培养箱、锥形瓶、离心管、组培瓶、滤盘、针管等。

2．药品试剂　1×TAE 缓冲液（pH 8.5）、MS 干粉培养基、蔗糖、琼脂、NAA、6-BA、Kan、羧苄青霉素（Cb）、2% CTAB 抽提液、胶回收试剂盒、质粒提取试剂盒、*Bsa* Ⅰ-HF（20U/μL）、10×CutSmart buffer、ATP、T_4 DNA ligase、10×buffer、PrimeSTAR®

Max DNA Polymerase、GoTaq® Green Master Mix 等。通用引物序列见表 8.3。

表 8.3 通用引物序列

引物名称	引物序列
UF	CTCCGTTTTACCTGTGGAATCG
gR-R	CGGAGGAAAATTCCATCCAC
Pps-R	TTCAGAGGTCTCTACCGACTAGTATGGAATCGGCAGCAAAGG
Pgs-L	AGCGTGGGTCTCGCTCGACGCGTATCCATCCACTCCAAGCTC

3．试剂及培养基配制

1）LB 液体培养基和固体培养基的配制：参考“实验二十五大肠杆菌的遗传转化”部分。

2）1×TAE 缓冲液（pH 8.5）的配制：参考“实验十一植物染色体原位杂交”部分。

五、实验步骤

（一）pYLCRISPR/Cas9 植物表达载体构建

每个 pYLCRISPR/Cas9 敲除系统可以设计 1～8 个靶点以便提高基因敲除的效率。为提高实验效率，本实验主要介绍水稻某基因的 1 个靶点敲除载体构建，多个靶点的载体构建均在此基础上衍生而来。

1．pYLsgRNA 中间载体选择 不同的 pYLsgRNA 中间载体含有不同的 U3/U6 启动子，单子叶和双子叶的 U3/U6 启动子也不一样，为提高基因敲除的效率，应根据所选物种及靶点个数选择含有相应 U3/U6 启动子的 pYLsgRNA 中间载体。水稻为单子叶模式植物，而且本实验主要是构建 1 个靶点的基因敲除载体，因此应选择含 LacZ-OsU6a 启动子的 pYLsgRNA 中间载体。

2．靶点设计 在基因编码框内，如果能够找到 NGG 上游第 20 碱基是 A（用 U3 启动子）或 G（用 U6a 启动子）的序列（A、G 分别为 AtU3 和 AtU6 启动子的转录起始碱基），则优先选为靶序列；如果在 NGG 上游第 20 碱基不是 A 或 G，则可选 20 碱基为靶序列（Xie et al.，2013）合成接头的形式。靶位点设计时遵守以下条件。

1）靶点引物的 GC 含量要超过 40%，最好为 50%～70%。

2）靶点引物不应包含 4 个或超过 4 个连续的 T 碱基。

3）靶点引物应避免与 sgRNA 形成超过 6 个碱基的发夹结构（用 http://mfold.rna.albany.edu/?q=mfold/RNA-Folding-Form2.3 来验证）。

根据测序结果的 *NtDXR* 基因序列，参照靶位点设计原则设计引物：上游引物 DXR-K-F 为 5′-GCCGCGACATCTTCCCCGCCACTC-3′；下游引物 DXR-K-R 为 5′-AAACGAGTGGCGGGGAAGATGTCG-3′。

3．pYLsgRNA 中间载体构建

（1）靶点引物与 pYLsgRNA 按边切边连方式连接

反应体系：

10×CutSmart buffer	1μL
10～20ng pYLsgRNA 中间载体质粒	*x*μL

靶点上游引物 DXR-K-F	0.5μL
靶点下游引物 DXR-K-R	0.5μL
ATP	0.2μL
Bsa Ⅰ-HF	0.2μL
T_4 DNA ligase	0.2μL
1×T_4 DNA ligase buffer	1μL
ddH_2O	补至 10μL

连接程序（在 PCR 仪上进行）：

5 个循环 { 37℃ 5min / 20℃ 5min }

（2）pYLsgRNA 完整表达盒的合成

1）两个 PCR 反应延伸连接产物。

反应体系如下。

反应 1：

PrimeSTAR® Max DNA Polymerase	7.5μL
上一步连接产物稀释 10 倍	1μL
靶点下游引物 DXR-K-R	0.5μL
通用引物 UF	0.5μL
ddH_2O	补至 15μL

反应 2：

PrimeSTAR® Max DNA Polymerase	7.5μL
上一步连接产物稀释 10 倍	1μL
靶点上游引物 DXR-K-F	0.5μL
通用引物 gR-R	0.5μL
ddH_2O	补至 15μL

PCR 反应程序：

28 个循环 { 95℃ 10s / 60℃ 15s / 68℃ 20s }

4℃ 1min

2）巢式 PCR。

反应体系：

PrimeSTAR® Max DNA Polymerase	25μL
上一步两个 PCR 反应产物稀释 10 倍	各 1μL
通用引物 Pps-R	0.5μL
通用引物 Pgs-L	0.5μL
ddH_2O	补至 50μL

PCR 反应程序：

22 个循环	95℃	10s
	58℃	15s
	68℃	20s
	4℃	1min

1%琼脂糖凝胶电泳检测目的条带并作胶回收处理。

（3）目的片段与 pYLCRISPR/Cas9 载体连接

反应体系：

10×CutSmart buffer	1.5μL
60～100ng pYLCRISPR/Cas9 载体质粒	*x*μL
ATP	0.5μL
Bsa Ⅰ-HF	0.5μL
T_4 DNA ligase	0.5μL
1×T_4 DNA ligase buffer	1.5μL
10～20ng 目的片段胶回收产物	*x*μL
ddH_2O	补至 15μL

连接反应程序（在 PCR 仪上进行）：

3 个循环	37℃	10min	+10 个循环	37℃	3min
	10℃	5min		10℃	5min
	20℃	5min		20℃	5min

（二）转化与菌液 PCR 鉴定

1. 转化步骤 同目的基因的转化。

2. 菌液 PCR 鉴定 用载体上的序列作为上游引物 U26-jiance-F（5′-TTAGGTTT ACCCGCCAATA-3′），目的基因上靶位点的反向互补序列为下游引物 DXR-K-R（5′-AAA CCTTACCAGAAA TCCCACTCC-3′）。

菌落 PCR 扩增体系：

菌液	1μL
上游引物（10μmol/L）	1μL
下游引物（10μmol/L）	1μL
GoTaq® Green Master Mix	10L
ddH_2O	补至 20L

PCR 反应程序：

	94℃	5min
35 个循环	94℃	30s
	56℃	30s
	72℃	1min
	72℃	5min

经 1%琼脂糖凝胶电泳检测后，送基因公司进行测序验证。

（三）Cas9 表达载体的农杆菌转化

1．提取测序成功载体的质粒

1）将菌液转至 1.5mL 离心管中，12 000r/min 室温离心 30s，弃除上清液，重复 3～4 次。

2）向菌体中加入 250μL Solution Ⅰ（使用前先加入 RNase A），涡旋振荡使其充分混匀。

3）加入 250μL Solution Ⅱ，上下颠倒混匀，室温放置 4min 直至液体变清亮。

4）加入 350μL Solution Ⅲ，上下颠倒混匀，此时会有白色絮状沉淀出现，室温放置 2min，14 000r/min 室温离心 10min。

5）将上清液加入吸附柱中（切勿碰到白色沉淀，避免发生蛋白质污染），12 000r/min 室温离心 1min，倒掉废液，将吸附柱放入收集管中。

6）在吸附柱中加入 500μL HBC Buffer，室温放置 1min 后 12 000r/min 离心 1min。

7）在吸附柱中加入 700μL Wash Buffer（使用前先加入无水乙醇），12 000r/min 离心 1min，倒掉液体，将吸附柱放入收集管中。

8）重复操作步骤 7）。

9）空管 12 000r/min 离心 2min，将置于新的离心管的吸附柱在 37℃烘箱中开盖放置 10min，以彻底晾干吸附柱中残余的漂洗液。

10）向吸附膜中央悬空滴加 100μL Elution Buffer，在 37℃烘箱中放置 5min，12 000r/min 离心 2min，离心管收集到的即为质粒 DNA 溶液。

2．农杆菌的转化 参考“实验二十六根癌农杆菌介导的植物遗传转化”部分。

（四）烟草的遗传转化

参考“实验二十六根癌农杆菌介导的植物遗传转化”部分。

（五）烟草转基因植株的检测

取叶片组织，用 CTAB 法提取烟草基因组 DNA（参考“实验十一植物染色体原位杂交”部分）。

为确认外源 DNA 片段是否插入植物基因组中，根据 Cas9 表达载体上的序列设计引物，对 *NtDXR* 转基因烟株的 DNA 进行检测，上游引物 U26-F 为 5′-CATTGCGTTGTCACTCGG-3′，下游引物 U26-R 为 5′-TGCGTAGCCATTCTTGGA-3′。确认外源 DNA 片段插入植物基因组后，为了检测目标基因是否发生突变，设计 DXR-jiance-F（5′-CCTCAAGTTCCAAGGTTCTCTATT-3′）和 DXR-jiance-R（5′-GAGCCAGTGGACCCAACAA-3′）引物来扩增靶位点上下游共 400bp 的片段，将扩增的片段连接到 pEASY-T1 Simple 载体上，挑选单克隆进行测序，并对测序结果进行分析。

六、作业

设计一个利用基因编辑技术进行基因功能研究的实验方案。

实验三十 蛋白质互作分析——酵母双杂交技术

一、实验目的

1．了解酵母双杂交实验的原理。

2．掌握验证蛋白质之间存在互作的操作方法。

二、实验原理

许多真核生物的转录激活因子都是由两个分开的、功能上相互独立的结构域组成的。酵母的转录激活因子 GAL4，在 N 端有 1 个由 147 个氨基酸组成的 DNA 结合结构域（binding domain，BD），C 端有 1 个由 113 个氨基酸组成的转录激活结构域（transcription activation domain，AD）。GAL4 分子的 BD 可以和上游激活序列（upstream activating sequence，UAS）结合，而 AD 可同转录复合体的其他成分结合，激活 UAS 下游的基因从而进行转录。单独的 BD 不能激活基因转录，单独的 AD 也不能激活 UAS 的下游基因，但是当它们之间充分靠近，可通过共价键或非共价键连接建立起空间结构时，则具有完整的转录激活因子的功能。酵母双杂交技术就是利用 GAL4 的这一功能特点，在酵母细胞内分析蛋白质间相互作用的技术。在酵母细胞中，已分离的 BD 和 AD 不能相互作用，但若诱饵蛋白和靶蛋白能够相互作用，则 BD 和 AD 就会相互作用，从而激活报告基因的表达；反之，则不能。因此，可通过转化酵母的生长情况和颜色变化来确定诱饵蛋白和靶蛋白是否存在相互作用。

三、实验材料

诱饵蛋白载体 BD、靶蛋白载体 AD、酵母菌株 Y2H、SD 培养基平板。

四、实验用品

1．仪器用具 锥形瓶、相差显微镜、微量移液器、超净工作台、离心管、低温离心机、玻璃珠、恒温生长箱、无菌接种环、培养皿、Parafilm 封口膜、无菌枪头、PCR 仪、琼脂糖凝胶电泳系统、凝胶成像系统等。

2．药品试剂 2×Yeast Extract Peptone Dextrose Medium（2×YPDA）液体培养基、Synthetic Dropout（SD）培养基、腺嘌呤（adenine，Ade）、L-组氨酸（L-histidine，His）、L-色氨酸（L-tryptophan，Trp）、L-亮氨酸（L-leucine，Leu）、尿嘧啶（uracil，Ura）、二甲基甲酰胺（DMF）、无氨基酵母氮源（yeast nitrogen base，YNB）、10×Dropout（-His，-Leu，-Trp，-Ura，-Ade）溶液（10×DO）、5-溴-4-氯-3-吲哚-β-D-半乳糖苷（X-gal）、营养缺陷型培养基 SD/-Ade/-His/-Leu/-Trp（QDO）、QDO/X-gal、金担子素 A（AbA）、QDO/X-gal/AbA、灭菌水。

3．试剂配制

（1）2×YPDA/Kan（50μg/mL）液体培养基

1）100×储备液（100mL）：分别将下列成分溶入 100mL ddH_2O 中（表 8.4），高压灭

菌 20min，4℃保存。

表 8.4 100×储备液的成分及含量

储备液	成分	100mL 中含量
100×His	L-组氨酸	200mg
100×Trp	L-色氨酸	200mg
100×Leu	L-亮氨酸	1g
100×Ura	尿嘧啶	200mg
100×Ade	腺嘌呤	400mg

2）2×YPDA 液体培养基：分别称取 40g 蛋白胨、20g 酵母提取物和 40g 葡萄糖于烧杯中，加入 2mL 100×Ade，用 ddH_2O 定容至 1L，高温高压灭菌 20min，室温贮存。

3）2×YPDA/Kan（50μg/mL）液体培养基：2×YPDA 液体培养基＋50μg/mL Kan。

（2）SD 液体培养基　分别称取 6.7g YNB 和 20g 葡萄糖于烧杯中，加入 100mL 10×DO 混匀，用 ddH_2O 定容至 1L，121℃高压灭菌 15min，室温贮存。在加入葡萄糖时，应先将葡萄糖配制成 40%的母液加入，待培养基温度降至 55℃时，另外计量补足加入，否则培养基中的葡萄糖易碳化使其颜色变褐。

（3）SD/-Ade/-His/-Leu/-Trp（QDO）培养基　分别量取 100mL SD 液体培养基和 1mL 100×Ura，加入 2%的琼脂粉，搅拌溶解，121℃高压灭菌 15min，冷却至 50℃，在超净工作台上将培养基倒入平板中，室温凝固，用封口膜封好后倒置保存于 4℃冰箱中。

（4）20mg/mL X-gal 溶液　将 60mg X-gal 溶于 3mL 二甲基甲酰胺中，配制成 20mg/mL X-gal 贮存液保存于聚丙烯管中，用铝箔封裹以防因受光照而被破坏，并贮存于－20℃。使用时，用 DMF 稀释成 40μg/mL X-gal 溶液。X-gal 溶液无须过滤除菌。

（5）QDO/X-gal 培养基　在 100mL SD/-Ade/-His/-Leu/-Trp 培养基中加入 200μL 的 40μg/mL X-gal。

（6）125ng/mL AbA　称取 1mg AbA，溶解在 8mL 的无水乙醇中。

（7）QDO/X-gal/AbA 培养基　在 100mL SD/-Ade/-His/-Leu/-Trp 培养基中加入 200μL 40μg/mL X-gal、25μL 125ng/mL AbA。

五、实验步骤

1）将诱饵蛋白载体 BD 遗传转化至酵母菌 Y2H 中。

2）在 2L 锥形瓶中，加入 5mL 已转入诱饵蛋白载体 BD 的 Y2H 酵母菌的液体培养基和 1mL 靶蛋白载体 AD。

3）加入 45mL 2×YPDA/Kan（50μg/mL）液体培养基，在 30℃、30～50r/min 条件下培养 20～24h。培养 20h 后取出 5μL 至相差显微镜下观察。若没有结合子存在，则继续培养 4h 以上；若有则继续进行后续操作。

4）准备 SD/-Ade/-His/-Leu/-Trp（QDO）培养基平板约 150 个，每个平板约 25mL，厚度为 1～2cm，放于超净工作台上 2～3h。

5）将培养体系转移至 2 个 50mL 离心管中，分别在室温下 4000～6000r/min 离心

10min，弃掉上清液。酵母细胞用2×YPDA液体培养基洗1次，在室温下4000～6000r/min离心10min，弃掉上清液。用灭菌水重新清洗酵母细胞1次。两管合并，于室温下4000～6000r/min离心10min，弃掉上清液，加入约10mL灭菌水重悬酵母细胞。

6）每个SD/-Ade/-His/-Leu/-Trp（QDO）培养基平板中加入150μL上述悬浮酵母细胞，用玻璃珠涂开，至无流动液体为止。

7）用Parafilm封口膜密封培养皿，置于30℃恒温生长箱中，倒置培养4～6d。选取菌斑为2～3mm的菌落，在QDO平板皿上划线，2～3d后长出的菌落用枪头挑出并进行插入片段扩增PCR，用1%的琼脂糖凝胶进行电泳，在凝胶成像系统中拍照。

8）PCR验证3次，以降低假阳性菌落约40%。

9）将扩增片段大小不同的菌落在QDO、QDO/X-gal和QDO/X-gal/AbA培养基平板上划线，用Parafilm封口膜封皿，置于30℃恒温生长箱，倒置培养2～3d后观察生长状况。若在QDO平板上菌落生长，QDO/X-gal平板上菌落生长且变蓝，并且在QDO/X-gal/AbA平板上菌落生长且变蓝色，说明诱饵蛋白和靶蛋白存在互作。

AbA是抗性标记，若诱饵蛋白与靶蛋白存在相互作用，则可激活AbA的转录翻译。在实验过程中，可适当增大AbA的浓度，以提高筛选的严谨性。

六、作业

1．观察培养基中酵母菌株的生长情况，判断两个蛋白之间是否存在相互作用。

2．在转化培养的过程中，会不会出现假阳性结果？列举说明具体原因和解决方法。

第五篇

群体和数量遗传学实验模块

第九章　群体和数量遗传学实验基础知识

第一节　群体遗传学基础知识

遗传学研究的是生物遗传和变异的规律和机理，进化论研究的是生物物种的起源和演变过程。群体遗传是研究群体的遗传结构及其变化规律的遗传学分支学科，利用数学和统计学方法研究群体中等位基因频率和基因型频率及影响这些频率的遗传因素，是研究进化论的必要基础。群体遗传学的研究能够为生物进化的研究提供更多的依据，解释生物进化的根本原因和历史过程。

一、基因频率和基因型频率

基因频率与基因型频率都是用来描述群体遗传结构（性质）的重要参数。从群体水平看，生物群体进化表现为基因频率的变化，即群体配子类型和比例的变化（对一个基因座位而言），因此基因频率是群体性质的决定因素。

对于任何一个群体样本，可检测各种基因型个体数、各种等位基因数（不同配子数），估计群体的基因型频率与基因频率。例如，一个个体数为 N 的二倍体生物群体（居群）中，一对等位基因（A、a）的三种基因型和两种基因的频率关系如下（表 9.1）。

表 9.1　二倍体生物群体（居群）中基因型频率和基因频率的关系

基因型	个体数	基因型频率	基因	基因频率
AA	D'	$D=D'/N$	A	$p=D+1/2H$
Aa	H'	$H=H'/N$		
aa	R'	$R=R'/N$	a	$q=R+1/2H$
合计	N	1		1

一个已知基因型频率的群体中，配子种类与比例（基因频率）也就可以确定。如果一对基因（A、a）之间表现为不完全显性或共显性，且其基因型和表型一致，我们可以根据群体内的表型频率估算基因型频率，再根据基因型频率估算出群体基因频率。例如，人的 MN 血型，它是由一对共显性等位基因 M 和 N 所决定的，产生 3 种基因型 MM、MN 和 NN，而相应的表型是 M 型、MN 型和 N 型。某一群体的总人数为 500 人，其中 M 血型（基因型 MM）200 人，N 血型（基因型 NN）100 人，MN 血型（基因型 MN）200 人，按此可直接推算 MM 基因型频率为 200/500×100%＝40%，NN 基因型频率为 100/500×100%＝20%，MN 基因型频率为 200/500×100%＝40%；M 基因频率为 40%＋40%×1/2＝60%，N 基因频率为 1－60%＝40%。但是，如果 A、a 之间为完全显性，如

豌豆的红花和白花性状，则在其群体中表型和基因型不能完全对应，AA 和 Aa 的表型一致。利用隐性纯合子频率计算隐性基因频率，即 $R=q^2$，则 $q=\sqrt{R}$，而 $p=1-\sqrt{R}$。

二、群体遗传平衡定律

已知基因频率却不一定能够估计其基因型频率。1908 年，英国数学家 G. Hardy 和德国医生 W. Weinberg 分别独立地证明了一个事实：在一个不发生突变、迁移和选择的无限大的随机交配种群中，基因频率和基因型频率在世代繁衍中将保持恒定。这就是群体遗传中的遗传平衡定律或者 Hardy-Weinberg 平衡定律。通过该定律，可以解决完全显性中由于基因型和表型不对应，而无法估算群体基因频率和基因型频率的问题。

假设某一群体的某等位基因 A 和 a 的频率分别为 p 和 q（$p+q=1$），在一个随机交配的遗传平衡群体中，其基因型频率和基因频率关系如下（表 9.2）。

表 9.2　遗传平衡群体中基因型频率和基因频率的关系

♀	♂	
	A	a
A	p^2 AA	pq Aa
a	pq Aa	q^2 aa

因此，如果一个群体符合这种状况，也就是一对等位基因的 3 种基因型的比例分布符合公式：$p^2+2pq+q^2=1$，$p+q=1$，$(p+q)^2=1$，即达到了遗传平衡。如果没有达到这个状态，就是一个遗传不平衡的群体。例如，上例中关于人类 MN 血型的群体，就不是遗传平衡群体。但是，一个遗传不平衡大群体，如果在没有其他因素干扰的情况下，随着群体中个体间的随机交配，将会使基因型频率分布比例重新符合 $(p+q)^2=1$，从而达到遗传平衡状态。

维持群体的遗传平衡需要一定的条件，或者说这种遗传平衡受一些因素的影响。这些条件和因素是：①群体要很大，不会由于任何基因型的传递而产生频率的随意或太大的波动（遗传漂变）；②必须是随机交配而不是带选择交配；③没有自然选择和人工选择，所有的基因型（在一个座位上）都同等存在，并有恒定的突变率，即由新突变来替代因死亡而丢失的突变等位基因；④不会因迁移而产生群体结构的变化。如果缺乏这些条件则不能保持群体的遗传平衡。多数情况下，只要群体足够大（或者明确说明是一个大群体），如果没有说明有其他因素影响，且为随机交配，就可以认为该群体为遗传平衡群体。

对于一个遗传平衡群体，可以根据其表型推算出相应的等位基因频率。如果已知某种常染色体隐性遗传病在一特定人群中（大群体）的频率，就能计算这个异常基因的携带者和基因频率。例如，在某一人群中（大群体），白化病（aa）发病的频率（q^2）为 1/10 000，则致病基因（a）的频率 $q=1/100=0.01$；基因 A 的频率 $=1-0.01=0.99$；而杂合子携带者的频率为 $2pq=2\times0.01\times0.99\approx1/50$。常染色体显性遗传病如并指症，在一个群体中多为杂合子（Aa）发病，因此，杂合子的频率（H）为 $2pq$，由于 q 值大，近于 1，故 $H\approx2p$，$p\approx1/2H$。因此，只要知道杂合子的发病率，就易求得基因 A 的频率。如果并指症的发病率为 1/1000，$H=1/2000$，$p=1/2\,H=1/4000$，即致病基因 A 的频率为 0.000 25。

另外，X 连锁遗传性状也符合遗传平衡定律。因为女性中的基因频率及基因型频率分布和常染色体相同，而男性是半合子，其基因型频率与表型频率相同。例如，某人群中，已知男性色盲（X^cY）在男性中的比例为 0.08，则可以推算出致病基因 X^c 频率（q）为 0.08，正常基因 X^C 频率(p)为 0.92。因此，色盲患病者(X^cX^c)在女性中的概率为 0.08×0.08＝0.0064，色盲基因携带者（X^CX^c）的概率为 2×0.08×0.92＝0.147，非色盲基因携带者的正常个体概率为 0.92×0.92＝0.846。这也就可以解释为什么男性色盲患者远远多于女性。

至于罕见的常染色体隐性遗传病，由于纯合子患者频率（q^2）很低，所以杂合子频率 $2pq=2(1-q)q=2q-q^2\approx 2q$，即杂合子携带者频率（$2pq$）约为致病基因频率的 2 倍，故致病基因多以携带者的方式存在于一个群体中。例如，前例中白化病的发病率为 1/10 000，q 为 0.01，携带者频率约为 $2q$，即 2×0.01＝0.02（1/50）。

任何一个群体，我们可以先假定其为遗传平衡群体，然后根据其表现估算出基因频率和基因型频率后，再和实际表型进行对比，通过卡方测验进行适合度检验，以验证假设是否正确。

第二节　数量性状遗传实验基础知识

在生物界中，根据自然群体或者杂交后代群体内遗传变异的规律，经常把性状分为两种类型：质量性状（qualitative character）和数量性状（quantitative character）。其中，质量性状具有不连续的变异，受到一对或少数几对主基因控制，在杂种后代的分离群体中，对各个体所具相对性的差异，可以采用经典遗传学的分析方法，通过对群体中各个体分组并求不同组间的比例来研究它们的遗传动态，如豌豆的花色、籽粒性状、子叶颜色等。数量性状表现为连续或准连续性变异，如人的身高、牲畜的体重、植株的生育期、果实的大小，以及种子产量的多少等。数量性状是生物界广泛存在的重要性状，这类性状在自然群体或杂种后代群体内，很难对不同个体的性状进行明确的分组，求出不同级之间的比例，所以不能采用质量性状的分析方法，通过对表现型变异的分析推断群体的遗传变异。借助于数理统计的分析方法，可以有效地分析数量性状的遗传规律。1910 年，伊斯特（E. M. East）利用玉米果穗长度不同的两个品系进行杂交，研究结果表明，F_1 的穗长介于两亲本之间，呈中间型；F_2 各植株结的穗子的长度表现为明显的连续变异，不容易分组，因而也就不能求出不同组之间的比例。同时，由于环境条件的影响，即使是基因型纯合的亲本（P_1、P_2）和基因型杂合一致的杂种一代（F_1），各个体的穗长也呈现连续的分布，而不是只有一个长度。F_2 群体既有由基因所造成的基因型差异，又有由环境的影响所造成的差异，所以，F_2 的连续分布比亲本和 F_1 都更广泛（表 9.3 和图 9.1）。

表 9.3　玉米果穗长度分布（East，1910）

长度/cm	5	6	7	8	9	10	11	12	13	14	15	16	17	18	19	20	21
短穗亲本/株	4	21	24	8													
长穗亲本/株									3	11	12	15	26	15	10	7	2
F_1/株					1	12	12	14	17	9	4						
F_2/株			1	10	19	26	47	73	68	68	39	25	15	9	1		

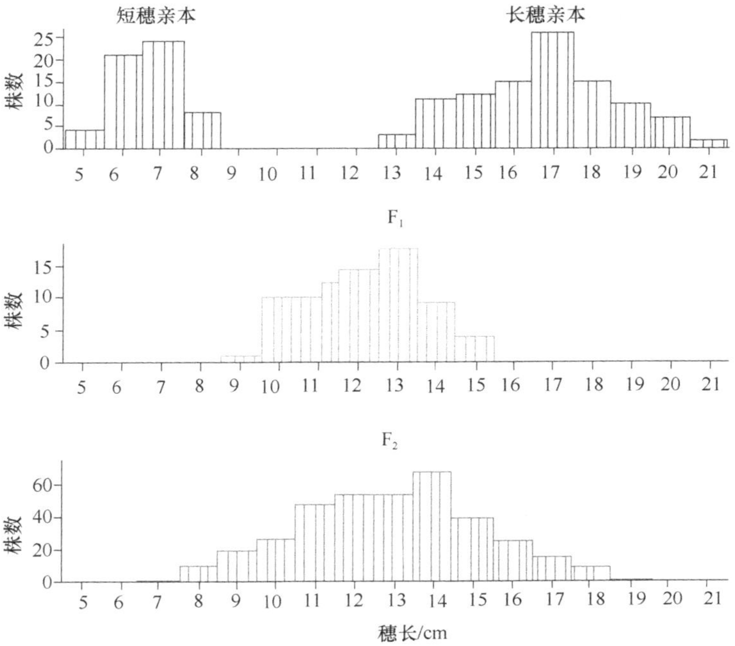

图 9.1 玉米穗长遗传的频次分布图

数量性状的遗传规律与质量性状的遗传规律有一定的区别。1909 年，尼尔逊 · 埃尔（H. Nilson Ehle）提出多基因假说，对数量性状的遗传进行了解释。按照他的解释，数量性状是许多彼此独立的基因作用的结果，每个基因对性状表现的效果较微，但其遗传方式仍然服从孟德尔的遗传规律。多基因学说不但认为决定数量性状的基因数目很多，而且假定：①各基因的效应相等；②各个等位基因的表现为不完全显性或无显性，或表现为正效和减效作用；③各基因的作用是累加性的。近年来，数量性状的深入研究进一步丰富和发展了早年提出的多基因假说，借助于分子标记和数量性状基因座（quantitative trait loci，QTL）作图技术，已经可以在分子标记连锁图上标出单个基因位点的位置并确定其基因效应。对动植物的众多数量性状的基因定位和效应分析表明，数量性状可以由少数效应较大的主基因控制，也可由数目较多、效应较小的微效多基因或微效基因（minor gene）所控制。各个微效基因的遗传效应值不尽相等，效应的类型包括等位基因的加性效应、显性效应，以及非等位基因间的上位性效应，还包括这些基因主效应与环境的互作效应。也有一些性状虽然主要由少数主基因控制，但另外还存在一些效应微小的修饰基因，这些基因的作用是增强或削弱其他主基因对表现型的作用。

一、数量性状的基本统计参数

数量性状一般要用度量单位进行测量，然后进行统计分析。数量遗传研究最常用的统计分析方法是估算遗传群体的统计参数，如均值（mean，m）、方差（variance，V）、协方差（covariance，C）和相关系数（correlation coefficient，r）。

1）均值/平均数：数量资料的代表值，表示一组资料中变量的中心位置。总体均值用

μ 表示，但总体均值往往不能直接获得，而是通过样本均值 $\hat{u}$ 来估计，n 个观察值样本资料均值的计算公式：$\hat{u}=\dfrac{x_1+x_2+x_3+\cdots+x_n}{n}$，式中 $\hat{u}$ 为样本均值、x_i 为资料中第 i 个观察数；n 为观察的总个数。次数（频数/频率）分布资料样本均值的计算公式：$\hat{u}=f_1x_1+f_2x_2+f_3x_3+\cdots+f_kx_k\cdots+f_nx_n$，式中 k 为组数，第 i 组的频率为 $f_i=\dfrac{n_i}{n}$。

2）方差/均方（V/S^2）和标准差（S）：用以衡量群体数量资料的变异程度（也称离中性/分散程度）的参数。

方差的计算公式：$\hat{V}=\dfrac{1}{n-1}\sum_{i=1}^{n}(x_i-\hat{\mu})^2=\dfrac{1}{n-1}\left(\sum_{i=1}^{n}x_i^2-n\hat{\mu}^2\right)$

标准差的计算公式：$S=\sqrt{\hat{V}}$

当样本容量大于 30 时，可用 n 代替 $n-1$ 计算方差与标准差。

3）协方差和相关系数：由于存在基因的连锁或基因的一因多效，同一遗传群体的不同数量性状之间常会存在不同程度的相互关联，可用协方差度量这种共同变异的程度。如果某遗传群体有两个相互关联的数量性状，即性状 X 和性状 Y，这两个性状的协方差 C_{XY} 可用样本协方差 $\hat{C}_{XY}$ 来估算：$\hat{C}_{XY}=\dfrac{1}{n-1}\sum_{i=1}^{n}(x_i-\hat{\mu}_x)(y_i-\hat{\mu}_y)=\dfrac{1}{n-1}\left(\sum_{i=1}^{n}x_iy_i-n\hat{\mu}_x\hat{\mu}_y\right)$，式中 x_i 和 y_i 分别为性状 X 和性状 Y 的第 i 项观测值，$\hat{\mu}_x$ 和 $\hat{\mu}_y$ 则分别为两个性状的样本均值。为了克服协方差值受成对性状度量单位的影响，相关性遗传分析常采用不受度量单位影响的相关系数（$r=C_{XY}/\sqrt{V_XV_Y}$）。样本相关系数的计算公式为：$\hat{r}=\dfrac{\hat{C}_{XY}}{\sqrt{\hat{V}_X\hat{V}_Y}}$。

二、遗传率及其估算方法

和质量性状相比，数量性状更易受到环境因素的影响。数量性状方差和协方差（或相关系数）的估算和分析是数量性状遗传分析的基础，但这些基本参数只是对群体进行描述，并没有说明该性状的遗传行为。因此，在数量遗传学运用统计分析方法研究生物体所表现的变异（即表现型变异）中，还应该考虑遗传效应和环境效应的大小。为了进一步分解遗传变异中基因效应的变异分量及基因型、环境互作变异的分量，分析遗传效应及其变异分量在表型中的大小，引入了遗传率（力）这个遗传参数。遗传率（力）是指遗传变异占总变异（表型变异）的比率，用以度量遗传因素与环境因素对性状形成的影响程度，是对杂种后代性状进行选择的重要指标，对选择育种有重要的指导意义。根据遗传变异基因效应的变异分量，又把遗传率分为广义遗传率和狭义遗传率两种类型。其中，广义遗传率（h_B^2）是指遗传方差占总方差（表型方差）的比率；狭义遗传率（h_N^2）是指遗传方差中的加性方差占总方差的比率。因为加性效应是基因间的累加效应，可在自交纯合过程中保存并传递给子代，故也称为可固定的遗传效应；非加性效应的表现依赖于等位基因间的杂合状态与非等位基因间的特定组合形式，不能在自交过程中保持。因此，狭义遗传率作为性状选择指标的可靠性高于广义遗传率。

在不分离世代中（如 P_1、P_2 和 F_1 群体），个体间的差异完全由环境因素引起，因此群体内个体间基因型相同，基因型效应值（G）也相同，而随机误差（e）是导致个体间表型差异的唯一原因。在分离世代中，个体间的差异由两个方面的因素引起，一是因为群体内个体间基因型不同，个体间基因型效应值（G）不同，可以引起部分个体表型差异；另外，随机误差（e）也会引起个体表型差异。因此，经常用不分离世代中（如 P_1、P_2 和 F_1 群体）的方差估算环境方差，用 F_2 的方差估算表型方差。因此，广义遗传率的估算公式为

$$h_B^2=\frac{V_G}{V_P}=\frac{V_P-V_E}{V_P}\times100\%=\frac{V_{F_2}-V_E'}{V_{F_2}}\times100\%$$

式中，V_E' 为环境方差，其估算根据繁殖方式的不同具有一定差异。对于动物和异花授粉植物，由于可能存在严重的自交衰退现象，严重影响两纯合亲本（P_1 和 P_2）的性状表现，所以通常只用 F_1 的表型方差估计环境方差；而对于自花授粉植物，还可以用纯合亲本、纯合亲本与杂种 F_1 的表型共同估计环境方差。这也体现了生物交配方式对数量性状遗传的影响。

狭义遗传率是指加性方差占总方差的比率，其估算需要引进两个回交世代（B_1 和 B_2），估算公式为

$$h_N^2=\frac{V_A}{V_P}\times100\%=\frac{2V_{F_2}(V_{B_1}+V_{B_2})}{V_{F_2}}\times100\%$$

因此，遗传率的估算需要 6 个世代，至少需要三个生活周期。其中，第一个生活周期进行杂种 F_1 的配制（$P_1\times P_2$），第二个生活周期准备 B_1（$F_1\times P_1$）、B_2（$F_1\times P_2$）和 F_2，在第三个生活周期，将 6 个世代（P_1、P_2、F_1、F_2、B_1 和 B_2）作为处理因素，进行实验，并考察各世代的性状表现，估算广义和狭义遗传率。

遗传率是在特定环境条件下，采用特定群体估计，环境条件与遗传群体不同时也会有所不同，即其大小受环境因素、亲本间性状差异和自花授粉植物的选择群体世代高低的影响。因此，在实验中需要尽量选用性状差异较大的亲本，降低环境因素的影响。

三、QTL 定位

经典的数量遗传分析方法，只能分析控制数量性状表现的众多基因的总和遗传效应，无法鉴别基因的数目及单个基因在基因组的位置和遗传效应。随着现代分子生物学的发展和分子标记技术的成熟，已经可以构建各种作物的分子标记连锁图谱。基于作物的分子标记连锁图谱，采用近年来发展的数量性状基因座（QTL）的定位分析方法，可以估算数量性状的基因位点数目、位置和遗传效应。数量遗传所分析的某个 QTL 只是一个统计参数，它代表染色体（或连锁群）上影响数量性状表现的某个区段，它的范围可以超过 10cM（厘摩，M 是图距单位 Morgan，1M 定义为一个配子在一个世代平均发生一次交换的图距），在这个区段内可能会有一个甚至多个基因。数量性状 QTL 定位的基础是需要有分子标记连锁图谱。具有多态性的分子标记并不是基因，其对所分析的数量性状不存在遗传效应。如果分子标记覆盖整个基因组，控制数量性状的基因（Q_i）两侧会有相连锁的分子标记（M_{i-}和 M_{i+}）。这些与数量性状基因紧密连锁的分子标记将表现不同程度的遗传效应。分析这些表现遗传效应的分子标记，就可以推断出与分子标记相连锁的数量性状基因的位置和效应。按分析方法，可将 QTL 定位分析划分为单标记分析法、区间作图法和复合区间作图法三大类。

其中，单标记分析法通过方差分析、回归分析或似然比检验，比较单个标记基因型（MM、Mm 和 mm）数量性状均值的差异。如存在显著差异，则说明控制该数量性状的 QTL 与标记有连锁。单标记分析法不需要完整的分子标记连锁图谱，因而早期的 QTL 定位研究多采用这种方法，但该方法存在许多缺点，例如不能确定标记是与一个或多个 QTL 连锁、不能无偏估计 QTL 的位置和遗传效应、检测效率不高、所需的个体数较多等。

区间作图法是鉴于传统的单标记分析方法存在的问题而提出来的，该方法以正态混合分布的最大似然函数和简单回归为模型，借助于完整的分子标记连锁图谱，计算基因组的任一相邻标记（M_{i-}和 M_{i+}）之间存在和不存在 QTL（Q_i）的似然函数比值的对数（LOD 值）。根据整个染色体上各点处的 LOD 值描绘出一个 QTL 在该染色体上存在与否的似然图谱。当 LOD 值超过某一给定的临界值时，QTL 的可能位置可用 LOD 支持区间表示出来。QTL 的效应则由回归系数估计值推断。与传统的单标记分析法相比，区间作图法有其明显的优点：①如果一条染色体上只有一个 QTL，可以无偏估算 QTL 的位置和效应；②检测效率较高，可以减少 QTL 检测所需的个体数。但是，区间作图法仍存在许多问题：①如果一条染色体上有多个 QTL，与检验区间连锁的 QTL 会影响检验结果，使估算的 QTL 位置和效应出现偏差；②每次检验仅用两个标记，未充分利用其他标记的信息。

复合区间作图法是指对某一特定标记区间进行检测时，将与其他 QTL 连锁的标记也拟合在模型中以控制背景遗传效应。在这个模型中，遗传效应包括 QTL 效应和分子标记效应。采用类似于区间作图的方法，可获得各参数的最大似然估计值、计算似然比、绘制各染色体的似然图谱。根据似然比统计量的显著性，可推断 QTL 的位置。QTL 的效应则可由回归系数的最大似然估计值推断。复合区间作图法的主要优点是：①假如不存在上位性和 QTL 与环境互作，QTL 的位置和效应的估计是渐近无偏的；②充分利用了整个基因组的标记信息，在较大程度上控制了背景遗传效应，提高了作图的精度和效率。复合区间作图法存在的主要问题是：①不能分析上位性及 QTL 与环境互作等复杂的遗传效应；②需要为检验的区间开辟一个窗口，但不易确定适合的窗口大小，过小，检验的效率会降低，过大，与检验区间连锁的 QTL 又会使 QTL 的位置和效应的估计产生偏差。

第十章　群体和数量遗传学实验技术

实验三十一　基因频率和基因型频率的调查与分析

一、实验目的

1. 学习并掌握群体遗传平衡定律。
2. 掌握平衡群体基因频率、基因型频率的估算方法。
3. 理解群体遗传平衡检验的条件。

二、实验原理

1908 年，英国数学家 G. Hardy 和德国医生 W. Weinberg 分别独立地证明了一个事实：在一个完全随机交配的大群体中，如果没有其他因素（突变、选择、迁移和遗传漂变等）干扰，该群体的基因频率和基因型频率在世代繁衍中将保持恒定，这就是遗传平衡定律或 Hardy-Weinberg 平衡定律。根据 Hardy-Weinberg 平衡定律的适用条件，这样的理想种群在自然界中很难完美地形成，因为基因频率的改变是经常发生的，这也是生物进化在任何种群中随机发生的体现。在影响遗传平衡的主要因素中，突变是种群中遗传变异的主要来源，影响种群中基因的频率，为生物进化提供了原材料，通过自然选择和随机漂变等因素的作用，导致生物进化的发生；自然选择的作用实际上在于在种群中选择某些基因，淘汰掉另一些基因，也必然改变种群中的基因频率和基因型频率；迁移是一个种群的个体移入另一个能与之交配的种群中的过程，它为接纳迁移者的种群带进了新的基因，从而使种群的基因频率发生变化；遗传漂变发生在小的种群中，由于偶然的机会而造成基因频率的改变。濒危动物的危险处境就是因为个体少，基因库变得贫乏。小种群的濒危动物，因为基因不断地随着漂变面临消失的险境，绝灭可能时刻存在。因此，保护野生种群的一个当务之急，就是要千方百计地尽快壮大它们的种群，对抗随机的遗传漂变。无论一个基因位点具有几个等位基因，只要研究的群体足够大，在没有其他因素干扰的情况下，它们的种群都遵循 Hardy-Weinberg 平衡定律所描述的遗传组成变化规律。

根据条件对本次参与实验的全体人员的部分性状进行调查，如苯硫脲尝味能力、ABO 血型、卷舌、眼睑、耳垂、发式与发旋等。苯硫脲（phenylthiocarbamide，PTC）是一种白色结晶物，具有苦涩的味道，能否品尝出苯硫脲的苦涩味道是由一对等位基因控制的。ABO 血型是受 I^A、I^B 和 i 三个复等位基因决定的，其中 I^A 和 I^B 为共显性，I^A 和 I^B 对 i 都是显性。卷舌、眼睑、耳垂、发式和发旋等都是由单对基因控制的。根据所调查的实际数据，先分别计算出控制所研究的各性状的等位基因频率和基因型频率，然后合理地运用遗传平衡定律对该实验人群做进一步的群体遗传学分析。

三、实验材料

参与实验的各班同学或者组织学生随机调查学校的同学。实验中要注意安全、卫生；

调查分析他人的性状时，要取得对方的同意，并尊重每个人的隐私权。

四、实验用品

1．仪器用具 显微镜、计算机、双凹玻片（或普通载玻片）、天平、烧杯、容量瓶、量筒、滴管、镊子、采血针、青霉素小瓶、试管、试管架、吸管、牙签、小玻璃瓶、记号笔、胶布、小镜子、棉球等。

2．药品试剂 苯硫脲（PTC）（白色结晶状化合物，呈苦味，对人类无毒副作用）、A 型和 B 型血标准血清、70%乙醇、0.9%生理盐水。

五、实验步骤

1．群体性状调查

（1）PTC 尝味能力的调查统计 所有相关用品必须无菌、无毒，药品需要经过安全认定，并建议整个配制过程在有人监督的情况下进行。

制备检测液（PTC 溶液）：称取 1.3g PTC，溶解于 1L 的蒸馏水中，摇动、搅拌均匀，在 20℃的温度下放置 2d 以上，即可获得完全溶解的原液。将 PTC 原液（浓度为 1/750）定为 1 级。然后，按照等量对半稀释原则将原液依次稀释至 2～14 级，其中第 14 级对应的浓度为 1/6 000 000。将配制好的 14 种不同等级（浓度）的 PTC 测试液分别盛装到事先经过消毒的瓶子中，具体方法见表 10.1。

表 10.1 PTC 溶液的制备及相应基因型的确定

溶液标号	溶液配制	感受者基因型
1	称取 1.3g PTC 定溶于 1L 蒸馏水	tt
2	取 1 号溶液 50mL，以 50mL 蒸馏水稀释 1 倍	tt
3	取 2 号溶液 50mL，以 50mL 蒸馏水稀释 1 倍	tt
4	取 3 号溶液 50mL，以 50mL 蒸馏水稀释 1 倍	tt
5	取 4 号溶液 50mL，以 50mL 蒸馏水稀释 1 倍	tt
6	取 5 号溶液 50mL，以 50mL 蒸馏水稀释 1 倍	tt
7	取 6 号溶液 50mL，以 50mL 蒸馏水稀释 1 倍	Tt
8	取 7 号溶液 50mL，以 50mL 蒸馏水稀释 1 倍	Tt
9	取 8 号溶液 50mL，以 50mL 蒸馏水稀释 1 倍	Tt
10	取 9 号溶液 50mL，以 50mL 蒸馏水稀释 1 倍	Tt
11	取 10 号溶液 50mL，以 50mL 蒸馏水稀释 1 倍	TT
12	取 11 号溶液 50mL，以 50mL 蒸馏水稀释 1 倍	TT
13	取 12 号溶液 50mL，以 50mL 蒸馏水稀释 1 倍	TT
14	取 13 号溶液 50mL，以 50mL 蒸馏水稀释 1 倍	TT

（2）ABO 血型检测的调查统计 人类的 ABO 血型由一组复等位基因（I^A、I^B 和 i）控制，共有 4 种血型，见表 10.2。

表 10.2 ABO 血型遗传特征

表现型	基因型	红细胞膜上的抗原	血清中的天然抗体
A	I^AI^A、I^Ai	A	抗 B（β）
B	I^BI^B、I^Bi	B	抗 A（α）
AB	I^AI^B	A、B	—
O	ii	—	抗 B（β）、抗 A（α）

在 ABO 血型系统中，A 抗原只能和抗 A 结合，B 抗原只能和抗 B 结合。因此，可以利用已知的 A 型标准血清（抗 B 血清）和 B 型标准血清（抗 A 血清）对未知血型进行鉴定，这就是最基本的验血方法。如果某种血液的红细胞在 A 型标准血清中发生了凝集反应，则这种血液就是 B 型血；如果血液里的红细胞在 B 型标准血清中发生了凝集反应，则这种血液就是 A 型血；在两种标准血清中均发生凝集反应者为 AB 型血，相反，在两种标准血清中均不发生凝集反应者就是 O 型血。

统计被调查者的血型，如果不知道被调查者的血型，可以用玻片法对其进行验血测试。流程为：用玻璃蜡笔在一洁净的载玻片上划出 2 个方格，或取一张清洁的双凹玻片，两端上角分别用油性记号笔注明“A”和“B”及受试者的姓名。然后分别用洁净的吸管吸取 A 型标准血清和 B 型标准血清各 1 滴，滴入相应的方格或凹槽内。用 70%酒精棉球对志愿受试者的耳垂或指端进行消毒，待乙醇干后立即用无菌采血针刺破皮肤，用无菌吸管取 1～2 滴血放入盛有 0.3～0.5mL 生理盐水的青霉素小瓶之中。用吸管轻轻吹打所获得的血液-生理盐水混合液，制成约含 5%红细胞的生理盐水血悬液。分别在玻片的每一方格（凹槽）内滴入 1 滴上述生理盐水血悬液（滴管不要触及标准血清），立即用牙签或细玻璃棒搅拌混合液体，使之尽快充分混匀。在室温条件下，每隔数分钟将玻璃片凝集实验体系轻轻晃动数次，以便凝集反应能够加速进行。10～30min 后，仔细观察实验体系中是否发生了凝集反应。判断是否产生凝集反应的标准见表 10.3。

表 10.3 凝集反应判断标准

可见现象	凝集反应判断
血清由混浊变为透明，出现大小不等的红色颗粒	红细胞已凝集
血清仍呈混浊状，无颗粒出现	无凝集反应发生
观察不清	可通过显微镜在低倍镜下观察，进一步判断

（3）耳垂性状的调查统计　耳垂性状受常染色体上的单基因座控制：有耳垂为显性（基因型为 FF 或 Ff），无耳垂为隐性（基因型为 ff）；有耳垂者表现型记为“F”，无耳垂者表现型记为“f”。

（4）卷舌性状的调查统计　卷舌性状受常染色体上的单基因座控制：能够将舌的两侧在口腔中向上卷起呈“U”状者称为“卷舌者”，受显性基因 T 控制，表现型记为“T”；不能将舌的两侧在口腔中向上卷者称为“非卷舌者”，对应于隐形基因纯合型 tt，表现型记为“t”。该对相对性状中，卷舌对非卷舌呈完全显性。

（5）眼睑性状的调查统计　双重睑（俗称“双眼皮”）受显性基因控制，为显性性状，而单重睑（俗称“单眼皮”）为隐性性状。眼睑为单重睑，表现型记为“e”；眼睑为双重睑者，表现型记为“E”。

（6）*发式与发旋性状的调查统计*　　发式与发旋性状都是单基因座遗传性状。从全世界人口的调查来看，人类的发式有卷发和直发两种基本类型，其中直发为隐性性状，表现型记为“h”；而卷发则为显性性状，记为“H”。至于发旋性状，指的是在人的头顶稍后方的中线处有一螺形纹，其螺纹的方向是受到遗传基因控制的：螺纹旋向为顺时针方向是显性性状，记为“A”；螺纹旋向为逆时针方向是隐性性状，记为“a”。

2．基因频率和基因型频率的估算　　根据测试结果，统计各不同表型的个体数，计算不同表型的频率。除ABO血型中的AB型为共显性外，其余性状的显性性状均包含两种基因型，表型频率和基因型频率不对应。假定研究群体为遗传平衡状态，根据Hardy-Weinberg平衡定律估算各性状的理论基因频率和基因型频率。

3．遗传平衡群体的检验　　根据理论上的基因频率和基因型频率，计算理论表型。根据实际表型和理论表型，利用χ^2检测，验证实验参与者所组成的群体是否真正是平衡群体。

六、作业

1．将本次实验所取得的各单基因对相对性状的调查结果整理到调查表10.4中。

表10.4　特定人群若干遗传性状调查

受试群体名称＿＿＿＿＿＿＿＿　分析调查日期＿＿＿＿＿＿＿

受试者编号	PTC尝味能力	卷舌	耳垂	眼睑	发式	发旋	血型
1							
2							
3							
4							
5							
6							
7							
8							

2．统计不同性状的表型值，分别计算出各性状理论基因频率和基因型频率，并推算出显性表现型中纯合体与杂合体的比例；根据实测表型值和理论表型值，计算卡方值，验证实验参与者所组成的群体是否真正是平衡群体，并对结果是否符合遗传平衡群体进行初步分析。

实验三十二　植物数量性状遗传率的估算

一、实验目的

理解遗传率作为分析数量性状遗传参数的重要意义，并掌握广义遗传率和狭义遗传率的估算方法。

二、实验原理

在遗传分析和育种实践中，根据自然群体或杂交后代群体内遗传变异的规律，将生物的性状划分为质量性状和数量性状两类，其中不易受环境条件的影响、在一个群体内表现为不连续性变异的性状称为质量性状，如豌豆籽粒形状（圆满与皱缩）、子叶颜色（黄与绿）、花的颜色（红与白）等；有些性状，如身体大小、生长速度等，可用某种尺度测量，由数字来表示，称为数量性状或计量性状。数量性状的表型效应呈连续分布状态，其遗传学分析需要用数理统计学与遗传学结合的方法对性状的遗传变异做定量的描述，对性状的遗传动态进行研究。

在分析数量性状时，个体表现型值（P）可用基因型值（G）与环境效应值（E）之和表示：$P=G+E$。在实际研究中，遗传性状变异量以方差（variance，V）体现。

$$V=\frac{1}{n-1}\left[\sum x^2-\frac{\left(\sum x\right)^2}{n}\right]$$

式中，x 为观察数据；n 为世代内抽样数据数。如果不考虑基因型值与环境效应之间的互作影响，表现型方差（V_P）可分解为基因型方差（V_G）和环境方差（V_E）两个部分：$V_P=V_G+V_E$。其中，如果基因间无连锁，基因型方差又可分解为由加性基因效应提供的加性方差（V_A）、由显性效应提供的显性方差（V_D）和由基因互作提供的上位性方差（V_I）三部分：$V_G=V_A+V_D+V_I$。因此，遗传率又可分为广义遗传率、狭义遗传率。狭义遗传率作为性状选择指标的可靠性高于广义遗传率。

1. 广义遗传率的估算　在估算 F_2 的广义遗传率时，可采取不分离（基因型一致）世代（P_1、P_2 和 F_1 群体）的表现型方差均数作为其环境方差。

$$V_E=\frac{1}{3}(V_{P_1}+V_{F_1}+V_{P_2})$$

因此

$$h_B^2=\frac{V_{F_2}-\frac{1}{3}(V_{P_1}+V_{F_1}+V_{P_2})}{V_{F_2}}$$

2. 狭义遗传率的估算　F_2 狭义遗传率的估算，可以利用两个回交一代（B_1 和 B_2）和 F_2 代的表型数据。

$$h_N^2=\frac{2V_{F_2}-(V_{B_1}+V_{B_2})}{V_{F_2}}$$

本次实验以小麦抽穗期、株高、株粒重、百粒重等性状的统计计算遗传率，学习数量性状遗传分析的基本方法。

三、实验材料

普通材料亲本及其各种杂交世代（P_1、P_2、F_1、F_2、B_1、B_2）。

四、实验场地、条件和用具

小麦试验田及考种实验室，灌溉、除草、施肥等耕作条件，天平、测量尺、小纸牌、纸袋等器具。

五、实验步骤

1．小麦的田间操作设计及播种 设置三个重复，每个重复内 6 个世代随机排列。在每个重复内，6 个世代根据群体大小要求播种不同行数，其中不分离世代（P_1、P_2 和 F_1）每个小区播种 2～3 行，保证 40～50 株；两个回交一代（B_1 和 B_2）和杂种二代（F_2）为分离世代群体，播种行数增加，保证 200 株左右。试验地要求相对均匀一致，后期管理一致。

2．小麦品系的抽样考种调查 在播种的小麦抽穗之前，从 P_1、P_2 和 F_1 各随机选取 30～50 株；从 B_1 和 B_2 中各随机选取 50～100 株；从 F_2 杂种中随机选取 100～200 株。对选取的目标植株悬挂纸牌、编排序号。根据农时和相应小麦品系的生长规律，选择适当时期针对抽穗期、株高、株粒重、百粒重等有关性状进行考种调查，其中株粒重、百粒重等性状可在收获后进行室内考种，其他性状应随作物的生长发育在田间观测。

3．数据处理 根据调查性状，计算每种性状的平均数、方差、变异系数、频次分布、广义遗传率和狭义遗传率。

六、作业

1．统计各性状的最大值、最小值、平均数、标准差、变异系数填于表 10.5。

表 10.5 各性状的表型特征

编号	性状	最大值	最小值	平均数	标准差	变异系数
1						
2						
3						
…						

2．根据样本数和间距，统计频次，并作频次分布图。

3．计算各性状的广义遗传率和狭义遗传率，填于表 10.6。

表 10.6 各性状的方差和遗传率

编号	方差						广义遗传率	狭义遗传率
	P_1	P_2	F_1	F_2	B_1	B_2		
1								
2								
3								
…								

实验三十三 植物数量性状基因座分析

一、实验目的

1. 学习数量性状基因定位的具体步骤。
2. 了解数量性状基因定位的常用群体。
3. 掌握并利用 QTL 定位软件“MapQTL 6.0”对实际数据进行 QTL 定位分析。

二、实验原理

数量性状基因座（QTL）是染色体上控制数量性状遗传变异的特定区域，其数量多、每个位点效应小、易受环境影响。QTL 定位的依据是 Morgan 的连锁遗传定律，通过数量性状观察值与标记间的关联分析，当标记与特定性状连锁时，不同标记基因型个体的表型值存在显著差异，据此可确定影响各个数量性状的基因在染色体上的位置、效应，甚至各个 QTL 间的相关作用。QTL 定位的基本步骤为：①检测、筛选亲本并构建遗传群体；②检测群体分子标记基因型并构建遗传连锁图谱，同时调查群体性状数据；③应用相应软件处理分析实验数据，鉴定分子标记与 QTL 的连锁关系及 QTL 在染色体上的区域。QTL 定位的精度在一定程度上取决于分离群体的重组信息量，因此分离群体是 QTL 定位研究的主要群体。在植物 QTL 定位研究中，作图群体主要有 F_2 群体、回交群体（BC）、重组自交系群体（RIL）及双单倍体群体（DH）。根据标记数目的不同，可分为单标记、双标记和多标记几种方法；根据统计分析方法的不同，可分为方差与均值分析法、回归及相关分析法、矩估计及最大似然法等；根据标记区间数的不同，可分为零区间作图、单区间作图和多区间作图。此外，还有将不同方法结合起来的综合分析方法，如 QTL 复合区间作图（CIM）、多区间作图（MIM）、多 QTL 作图、多性状作图（MTM）等。

三、实验材料

模拟产生的单一环境下的 F_2 群体（包含 200 个单株）数据，10 条染色体共 210 个均匀分布的分子标记，根据几个分离的 QTL 模拟得到的群体的表型数据。

四、实验用具

PC 电脑、MapQTL6.0 软件系统，MapQTL6.0 软件的安装包从 https://www.kyazma.nl/ndex.php/MapQTL 免费下载。

五、实验步骤

1．MapQTL6.0 软件的安装 双击已下载的 MQ6setup.exe 程序并按照步骤安装到电脑上，默认途径为 C:\Program Files\MapQTL6，安装后软件为试用版本，将程序所在文件夹中的许可证文件 MapQTL.lic 用自己的许可证文件替换即完成安装。

2．数据准备 用 MapQTL6.0 软件定位 QTL 时需要准备三个独立的文件群体基因型数据、群体表型数据及图谱数据。在本实验中，我们采用之前准备材料中的模拟数据，将这些数据导入相应的文档中备用，导入时注意表头的格式。

1）群体基因型数据文档 $DemoF_2$.loc，如图 10.1 所示。

2）群体表型数据文档 $DemoF_2$.qua，如图 10.2 所示。

3）图谱文档 $DemoF_2$.map，如图 10.3 所示。

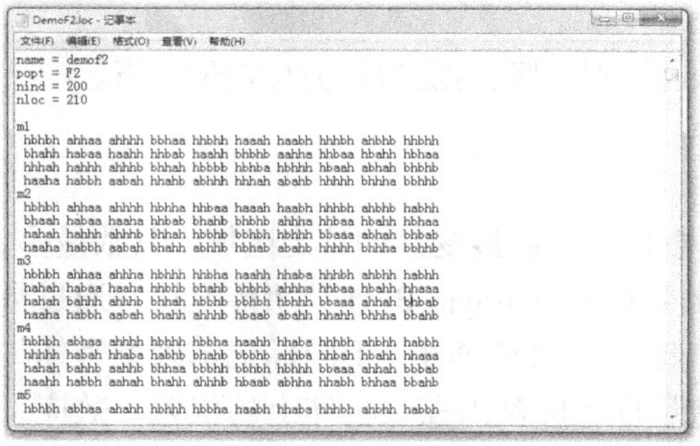

```
DemoF2.loc - 记事本
文件(F) 编辑(E) 格式(O) 查看(V) 帮助(H)
name = demof2
popt = F2
nind = 200
nloc = 210

m1
 hbhbh ahhaa ahhhh bbhaa hhbhh haaah haabh hhhbh ahbhb hhbhh
 bhahh habaa haahh hhbab haahh bhbhb aahha hhbaa hbahh hbhaa
 hhhah hahhh ahhhb bhhah hbbbb hbhba hbhhh hbaah abhah bhbhb
 haaha habbh aabah hhahb abhhh hhhah abahb hhhhh bhhha bbhhb
m2
 hbhbh ahhaa ahhhh hbhha hhbaa haaah haabh hhhbh ahbhb habhh
 bhaah habaa haaha hhbab bhahb bhbhb ahhha hhbaa hbahh hbhaa
 hahah hahhh ahhhb bhhah hbbhb bbhbh hbhhh bbaaa abhah bhbab
 haaha habbh aabah bhahh abhhb hbhab abahb hhhhh bhhha bbhhb
m3
 hbhbh ahhaa ahhha hbhhh hhbha haahh hhaba hhhbh ahbhh habhh
 hahah habaa haaha hhbhb bhahb bhbhb ahhha hhbaa hbahh hhaaa
 hahah bahhh ahhhb bhhah hbbhb bbhbh hbhhh bbaaa ahhah bhbab
 haaha habbh aabah bhahh ahhhb hbaab abahh hhahh bhhha bbahb
m4
 hbhbh abhaa ahhhh hbhhh hbbha haahh hhaba hhhbh ahbhh habbh
 hhhhh habah hhaba habhb bhahb bbbhb ahhba hhbah hbahh hhaaa
 hahah bahhb aahhb bhhaa bbbhh bbhbh hbhhh bbaaa ahhah bbbab
 haahh habbh aahah bhahh ahhhb hbaab abhha hhabh bhhaa bbahb
m5
 hbhbh abhaa ahahh hbhhh hbbha haabh hhaba hhhbh ahbhh habbh
```

图 10.1　F_2 群体基因型数据

name：群体名称；popt：群体类型；nind：群体大小；nloc：标记个数；m1～m5：标记名称；各标记后面为群体基因型

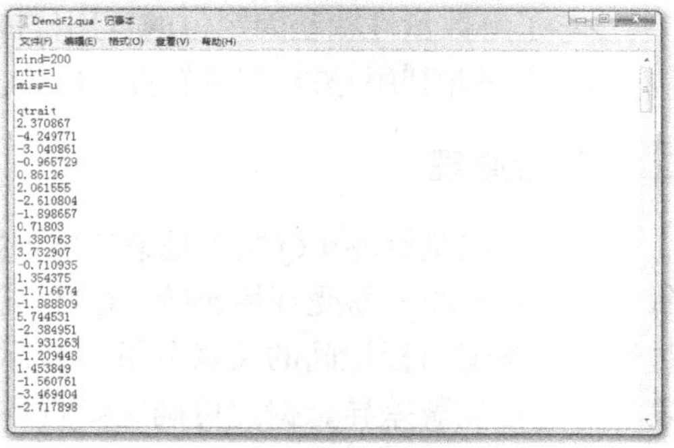

```
DemoF2.qua - 记事本
文件(F) 编辑(E) 格式(O) 查看(V) 帮助(H)
nind=200
ntrt=1
miss=u

qtrait
2.370867
-4.249771
-3.040861
-0.965729
0.86126
2.061555
-2.610804
-1.898657
0.71803
1.380763
3.732907
-0.710935
1.354375
-1.716674
-1.888809
5.744531
-2.384951
-1.931263
-1.209448
1.453849
-1.560761
-3.469404
-2.717898
```

图 10.2　群体表型数据

ind：群体大小；ntrt：表型个数；miss：数据缺失代替符号

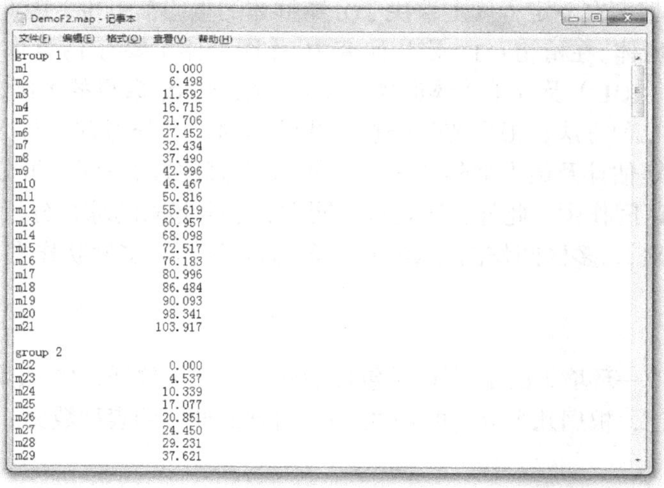

```
DemoF2.map - 记事本
文件(F) 编辑(E) 格式(O) 查看(V) 帮助(H)
group 1
m1      0.000
m2      6.498
m3     11.592
m4     16.715
m5     21.706
m6     27.452
m7     32.434
m8     37.490
m9     42.996
m10    46.467
m11    50.816
m12    55.619
m13    60.957
m14    68.098
m15    72.517
m16    76.183
m17    80.996
m18    86.484
m19    90.093
m20    98.341
m21   103.917

group 2
m22     0.000
m23     4.537
m24    10.339
m25    17.077
m26    20.851
m27    24.450
m28    29.231
m29    37.621
```

图 10.3　遗传图谱

每一个 group 代表一条染色体

3．软件启动　双击 MapQTL6.0.exe 启动程序，在应用 MapQTL6.0 进行 QTL 定位时所有工作都被保存到一个项目中，所以首先应建立一个新的项目，具体步骤如图 10.4 所示，在 File 菜单中点击 New Project 创建并命名一个新的项目，该项目保存到实验数据所在的文件夹下。

4．数据分析　创建新项目后，到模拟数据所在文件夹中将步骤 2 中准备的 3 个文档导入新项目中，具体操作步骤为点击菜单栏中 按钮或者点击 File 菜单中 Load data，选择文件夹中 DemoF2.loc，点击打开出现对话框，输入 DemoF2 后点 OK 将基因型数据导入（图 10.5），随后按照相同的方式将其他两个文档导入项目中。

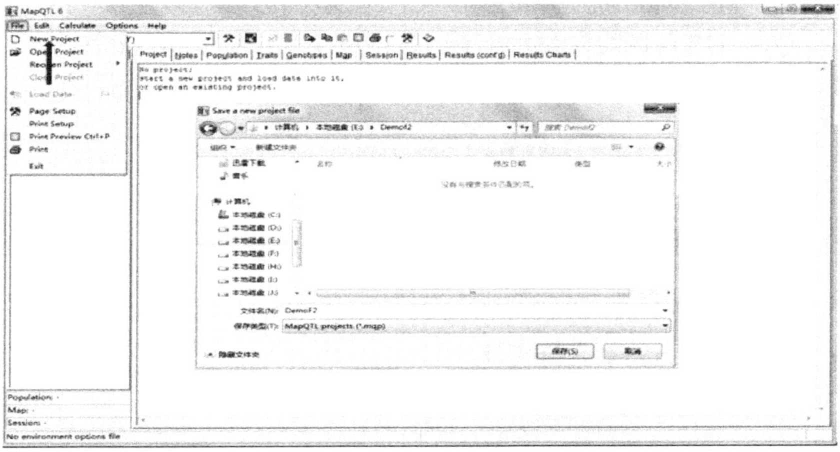

图 10.4 软件启动及新项目创新

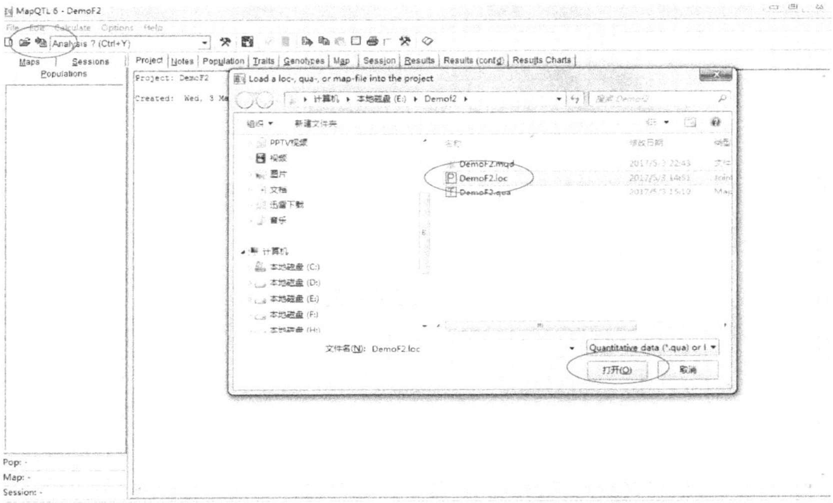

图 10.5 数据导入

数据导入完成后开始进行 QTL 定位分析，在左边索引 Populations 栏中右键点击选择要分析的性状及 Maps 栏中右键选择染色体，选择分析方法，点击计算按钮完成 QTL 定位分析。本实验则在 Populations 栏中选择 qtrait，Maps 栏中右键点击 DemoF2 将所有染色体全部选定，分析方法采用多 QTL 作图，点击计算按钮完成对 qtrait 的定位（图 10.6）。

5．结果解析 计算完成后定位结果在 Sessions 栏里查看，选择查看的性状，在右边结果面板中点击 Results Charts 栏查看图示定位结果，而在 Results 栏中查看定位结果数据。一般认为，当 LOD 值大于等于 3 时表明存在 QTL。对于该实验中的模拟数据，结果表明在第一至五染色体上面存在 QTL（图 10.7，表 10.7，图 10.8）。随后对单个染色体进行分析，如图 10.9 所示，从 A 图中我们可以看到第四染色体定位 QTL 时 LOD 值呈现先升高再下降的趋势，峰值出现在55cM左右的位置；而 B 图中的数据结果显示 LOD 值在54.446cM时出现峰值，邻近标记为m75，加性效应为1.19，显性效应为0.18，解释表型变异为16.2%，QTL的置信区间为LOD值减1，将QTL定位到m74～m76。

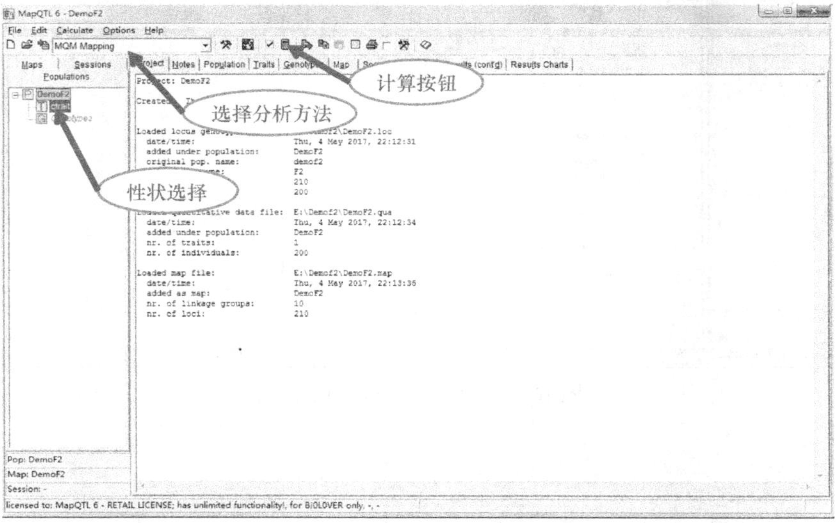

图 10.6　QTL 定位分析

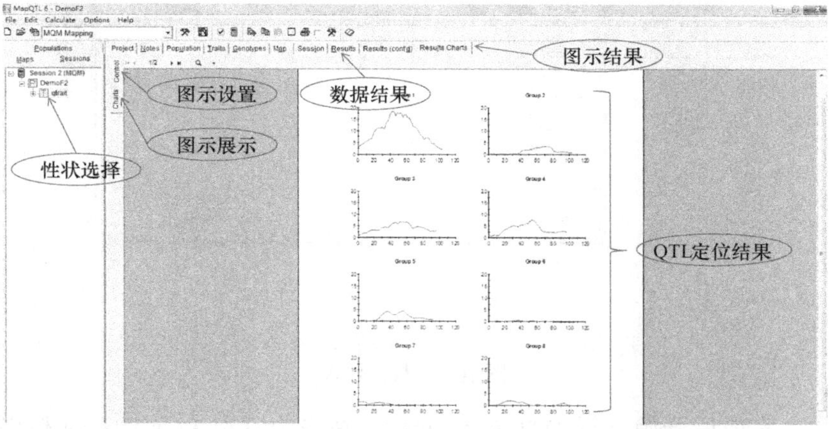

图 10.7　图示 QTL 定位结果

表 10.7　QTL 定位结果

QTL	邻近标记	LOD 值	加性效应	解释表型变异/%
qTrait1.1	m9	18.36	1.82	34.5
qTrait2.1	m34	3.43	0.75	7.6
qTrait3.1	m54	6.75	1.22	14.4
qTrait4.1	m75	7.69	1.19	16.2
qTrait5.1	m96	4.15	0.91	9.1

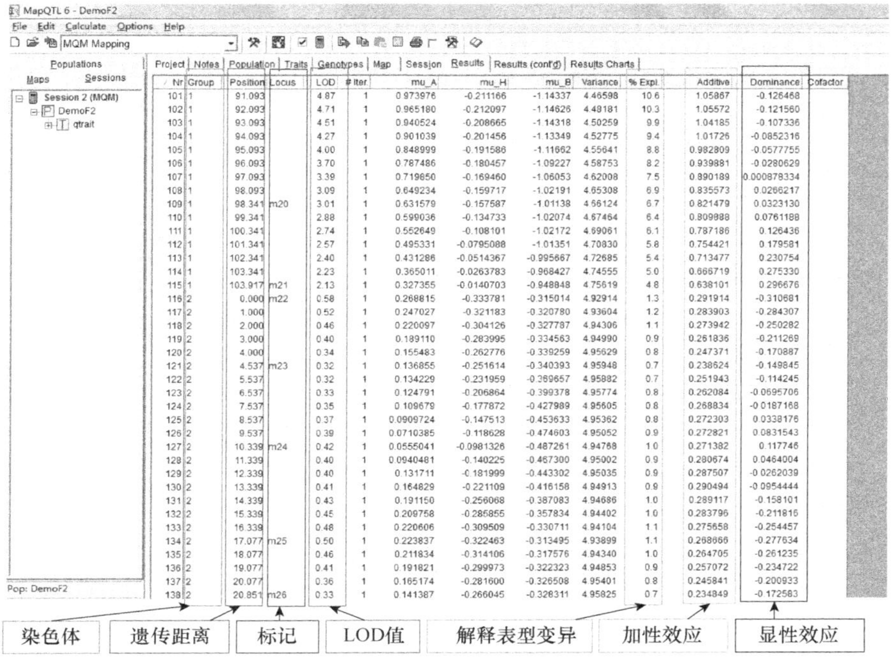

图 10.8 数据显示 QTL 定位结果

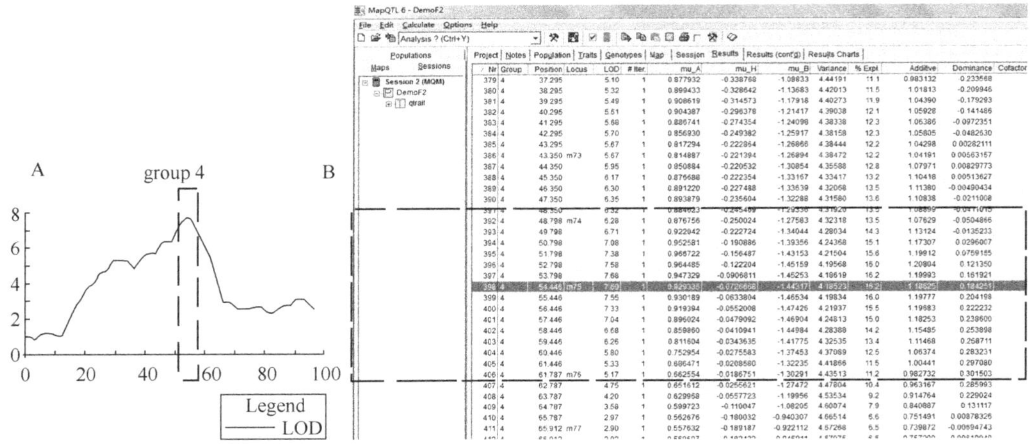

图 10.9 第四染色体 QTL 定位结果

A. 图表结果；B. 数据结果

六、作业

1. 阅读 MapQTL6.0 软件附带手册“MQ6Manual.pdf”，了解软件可视化窗口各组成部分，掌握 QTL 定位所需的数据文件及其内部结构特征，掌握软件分析结果的结构与各输出项的含义。

2. 利用 MapQTL6.0 软件，对实验提供的模拟数据采用区间作图、复合区间作图等方法对性状进行 QTL 定位。

主要参考文献

程欣，任德勇，马娇，等．2013．水稻叶片灰白转黄突变体*pyr1*的鉴定与基因定位．作物学报，39（6）：992～998

丁海燕，訾晓雪．2016．黑麦减数分裂染色体标本制作实验研究．麦类作物学报，36（12）：1629～1634

丁显平．2002．现代临床分子与细胞遗传学技术．成都：四川大学出版社

方正武．2006．普通遗传学实验指导书．3版．荆州：长江大学农学院遗传教研室（自编教材）

官春云，李栒，李文彬．1999．芸薹属植物的生物工程．长沙：湖南科学技术出版社

季道藩．1992．遗传学实验．北京：中国农业出版社

李懋学，陈瑞阳．1985．关于植物核型分析的标准化问题．武汉植物学研究，（3）4：297～302

李懋学，张敩方．1991．植物染色体研究技术．哈尔滨：东北林业大学出版社

李懋学，张赞平．1996．作物染色体及其研究技术．北京：中国农业出版社

李雅轩，赵昕．2006．遗传学综合实验．北京：科学出版社

李雅轩，赵昕．2010．遗传学综合实验．2版．北京：科学出版社

李再云，杨业华．2017．遗传学．3版．北京：高等教育出版社

李振刚．2014．分子遗传学．4版．北京：科学出版社

刘祖洞，江绍慧．1987．遗传学实验．2版．北京：高等教育出版社：11

卢龙斗，常重杰．2017．遗传学实验技术．修订版．北京：科学出版社

齐志广，马玉峰，张伟，等．2004．小麦花粉母细胞减数分裂与旗叶距的关系．生物学通报，39（3）：17～18

乔守怡．2008．遗传学分析实验教程．北京：高等教育出版社

桑贤春，何光华，张毅，等．2003．水稻PCR扩增模板的快速制备．遗传，25（6）：705～707

王焕丕，周述明．1993．遗传学实验．修订版．成都：四川农业大学（自编教材）

王小利，张改生，李红霞．2010．植物分子细胞遗传学实验．上海：上海科学技术出版社

王亚馥，戴灼华．1999．遗传学．北京：高等教育出版社

王竹林．2011．遗传学实验指导．咸阳：西北农林科技大学出版社

王子淑．1987．人体及动物细胞遗传学实验技术．成都：四川大学出版社

吴建国，朱志玉，石春海，等．2001．植物染色体原位杂交技术的发展与现状．遗传，23（1）：77～80

徐晋麟．2011．分子遗传学．北京：高等教育出版社

徐子勤．2007．功能基因组学．北京：科学出版社

闫绍鹏，王秋玉．2007．遗传学实验指导．哈尔滨：东北林业大学出版社

闫新甫．2003．转基因植物．北京：科学出版社：401～402

杨大翔．2016．遗传学实验．北京：科学出版社

于翠梅，马莲菊．2015．遗传学实验指导．北京：中国农业大学出版社

于一帆，朱小彬，葛会敏，等．2014．基于绿色荧光蛋白瞬时表达的植物亚细胞定位方法．江苏农业科学，42（12）：58～61

余毓君．1991．遗传学实验技术．北京：农业出版社

翟中和，王喜忠，丁明孝．2000．细胞生物学．北京：高等教育出版社

张红霞，邓启云，吴俊．2010．农杆菌介导水稻转基因技术的原理与应用研究进展．湖南农业科学，11：3～6

张锐，孙美榕．2006．提取琼胶糖的树脂新方法．中国海洋药物杂志，25（3）：28～32

张文霞，戴灼华．2007．遗传学实验指导．北京：高等教育出版社

张志刚，李栒，官春云，等．2006．改良提取水稻胚乳和拟南芥花柱中DNA和RNA的SDS法．植物生理学通讯，42（3）：493～495

张祖新，严长杰．2015．普通遗传学实验．北京：高等教育出版社

赵凤娟，姚志刚．2016．遗传学实验．2版．北京：化学工业出版社

赵文婷，魏建和，刘晓东，等．2013．植物瞬时表达技术的主要方法与应用进展．生物技术通讯，24（2）：294～300

赵兴波．2012．分子遗传学．北京：中国林业出版社

郑高阳，刘晓颖，王振英．2009．T载体构建及其构建过程中常见问题的处理方法．实验室科学，1：116～117

周洲，程罗根. 2013. 遗传学实验. 北京：科学出版社
朱军. 2002. 遗传学. 3版. 北京：中国农业出版社
朱玉贤，李毅，郑晓峰，等. 2013. 现代分子生物学. 4版. 北京：高等教育出版社
朱玉贤，李毅，郑晓峰. 2007. 现代分子生物学. 3版. 北京：高等教育出版社
祝水金. 2005. 遗传学实验指导. 2版. 北京：中国农业出版社
Clark JM. 1998. Novel non-templated nucleotide addition reactions catalyzed by procaryotic and eukaryotic DNA polymerases. Nucleic Acids Res, 16 (20): 9677～9686
East EM. 1910. A Mendelian interpretation of variation that is apparently continuous. American Naturalist, 44(518): 65～82
Horsch RB, Fraley RT, Rogers SG, et al.1984. Inheritance of functional foreign genes in plants. Science, 223: 496～498
Jefferson RA, Kavanagh TA, Bevan MW. 1987. GUS fusions: β-glucuronidase as a sensitive and versatile gene fusion marker in higher plants. EMBO J, 6: 3901～3907
Jiang L, Liu X, Xiong GS,et al. 2013. DWARF 53 acts as a repressor of strigolactone signalling in rice. Nature, 504: 401～405
Jiao Y, Wang Y, Xue D, et al. 2010. Regulation of OsSPL14 by OsmiR156 defines ideal plant architecture in rice. Nat Genet, 42 (6): 541～544
John Z, Muth TR, Olga D, et al. 2000. The transfer of DNA from *Agrobacterium tumefaciens* into plants: a feast of fundamental insights. Plant, 23 (1): 11～28
Landegent JE, Wal NJID, Dirks RW, et al. 1987. Use of whole cosmid cloned genomic sequences for chromosomal localization by non-radioactive *in situ* hybridization. Hum Genet, 77: 366～370
Ma XL, Liu YG. 2016. CRISPR/Cas9-based multiplex genome editing in Monocot and Dicot plants. Current Protocols in Molecular Biology, 115: 1274～1278
Marchuk D, Drumm M, Saulino A, et al. 1991. Construction of T-vectors, a rapid and general system for direct cloning of unmodified PCR products. Nucleic Acids Res, 19 (5): 1154
Reece RJ. 2004. Analysis of Genes and Genomes. London: John Wiley & Sons Ltd
Xie KB, Yang YN. 2013. RNA-guided genome editing in plants using a CRISPR-Cas system. Molecular Plant, 6 (6): 1975～1983